2. 蒙麦 31（赤 89-64）

(1) 植株（左）

(2) 麦穗（左）

(3) 麦粒（左）

3. 豫麦 61(郑旱一号)

(2)

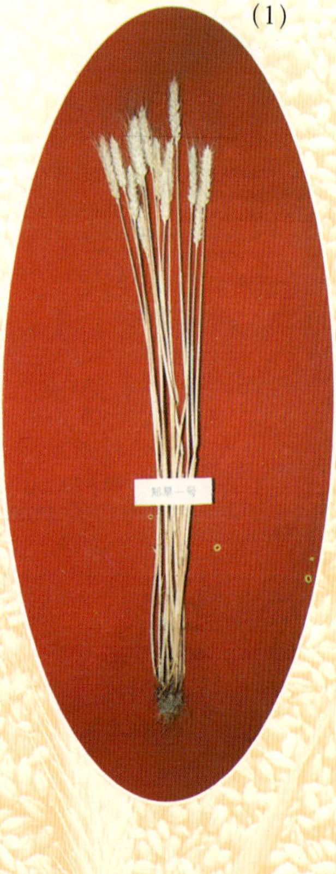

(1)

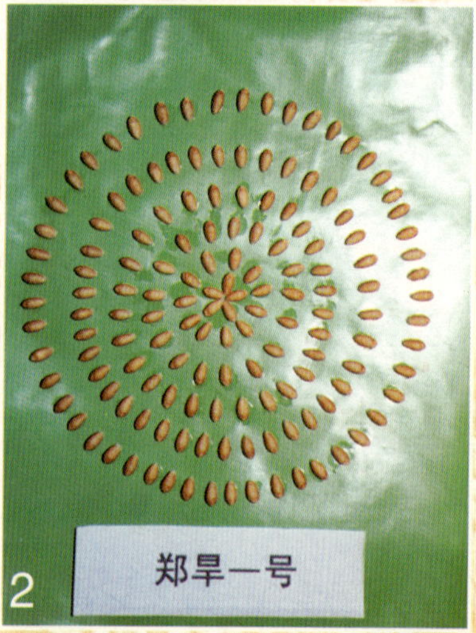

(3)

4. GS 石 4185

5. 豫麦 67(郑农 8 号)

(1)

(2)

6. 晋麦 47

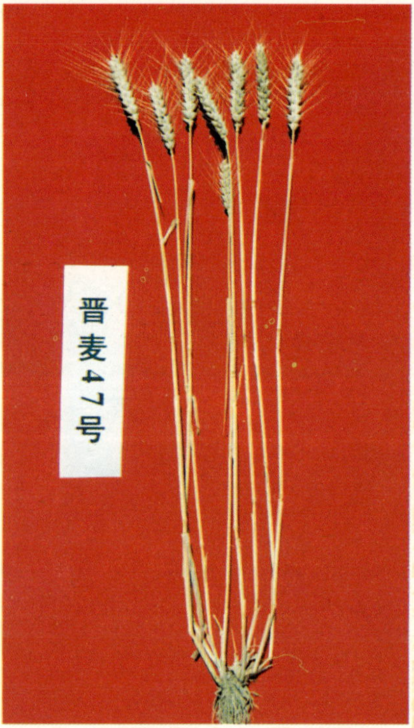

(1)

(2)

7. 花 521

8. 临抗 1 号

（1） 植株（中）

（2） 成片成熟麦苗

（3） 麦穗与麦粒

二、玉米优良品种

9. 本玉9号

(2)

(1)

10.四单19号

(1)

11.户单4号

(2)

12. 张玉 1 号

(1)

(2)

(3)

13. 晋单 34 号

(1)

(2)

(3)

14.中原单 32 号

(1)

(2)

(3)

15.中夏2号

(1)

(2)

16. 农大 108

（1）

（2）

17.陕单 13 号

(1)

(2)

18.高油 115

(1)

(2)

19.沈单 10 号

20.陕高农 1 号

(1)

(2)

(1)

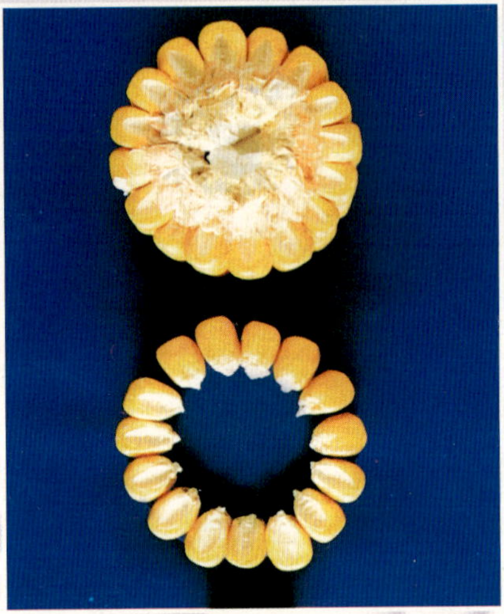

(2)

(3)

21.中单 9409

22.农大 3138

(1)

(3)

(2)

23.太单 30 号

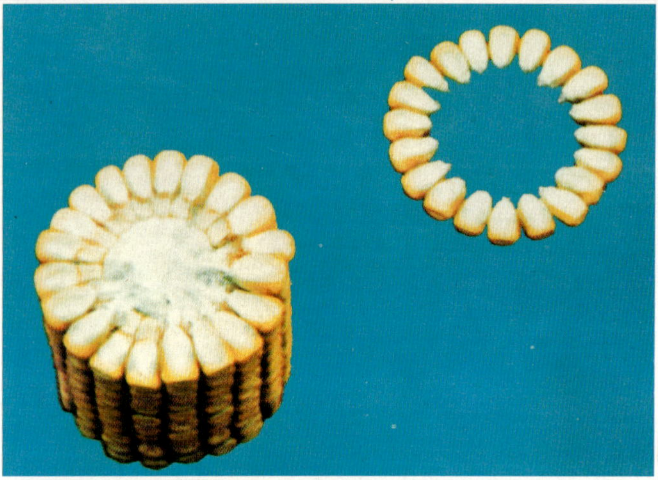

(1)

(2)

(3)

24.鲁单 50

(1)

(2)

25.辽单 24 号

26.辽单 27 号

27.辽单 29 号

(1)

(2)

28.蠡玉 2 号

(1)

(2)

29.蠡玉5号

(1)

(2)

三、高粱优良品种

30.辽杂7号

31.熊杂4号

(1)穗(左)

(2)植株群体

熊杂4号　桥杂4号

32.辽杂 10 号

33.四杂 25 号

(1)

(2)

34.熊杂5号

熊杂5号　　锦杂93号

(1) 穗(左)

(2) 群　体

35.四杂 29 号

(1)

(2)

36.沈杂 7 号

(1)

(2)

37.锦杂 99

(1)

(2)

38.吉杂 83

39.吉杂 87

40.龙杂5号

(1)

(2)

41.龙杂6号

(1)

(2)

42.晋杂 15 号

(1)

(2)

43.晋杂 16 号

(1)

(2)

四、谷子优良品种

44.晋谷 22 号

45.晋谷 27 号

46.龙谷 30 号

47.坝谷 214

48.晋谷 29 号

(1)

(2)

(3)

49.张杂 1 号

(1)

(2)

50.张抗 1 号

51.紫花白

52.晋薯 2 号

53.费乌瑞它

54.晋薯6号

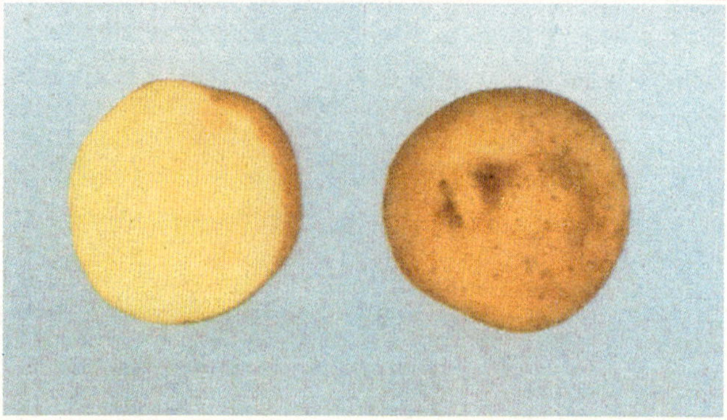

55.晋薯 7 号

56.晋薯 8 号

六、燕麦优良品种

57.晋燕 1 号

58.晋燕 2 号

59.晋燕 3 号

61.雁红 10 号

60.晋燕 4 号

63.小 46-5

62.雁红 14 号

64.晋燕 7 号

(1)

(2)

65.晋燕 8 号

“帮你一把富起来”农业科技丛书

北方旱地粮食作物
优良品种及其使用

曹广才　吴东兵　王秋生　编著

金 盾 出 版 社

内 容 提 要

本书由中国农业科学院作物育种栽培研究所研究员曹广才等编著。内容包括7种粮食作物及其品种的耐旱性，用种原则，适合北方旱地种植的小麦、玉米、高粱、谷子、马铃薯、燕麦和荞麦等粮食作物的110个优良品种的主要性状、经济效益、栽培要点、实用范围和发展前景等。其中的大部分品种，还配有直观逼真的彩色照片。全书内容丰富，叙述准确，语言通俗，图文并茂，是正确选择良种的好“参谋”。适合北方农民、农业科研和技术人员阅读使用。

图书在版编目(CIP)数据

北方旱地粮食作物优良品种及其使用/曹广才等编著.—北京:金盾出版社,2001.12
(“帮你一把富起来”农业科技丛书/刘国芬主编)
ISBN 978-7-5082-1702-4

Ⅰ.北… Ⅱ.曹… Ⅲ.旱地-粮食作物-品种 Ⅳ.S510.2

中国版本图书馆CIP数据核字(2001)第058569号

金盾出版社出版、总发行
北京太平路5号(地铁万寿路站往南)
邮政编码:100036 电话:68214039 83219215
传真:68276683 网址:www.jdcbs.cn
彩色印刷:北京2207工厂
黑白印刷:北京四环科技印刷厂
装订:海波装订厂
各地新华书店经销

开本:787×1092 1/32 印张:5.625 彩页:44 字数:93千字
2009年2月第1版第3次印刷
印数:12001—23000册 定价:10.00元

“帮你一把富起来”农业科技丛书编委会

《北方旱地粮食作物优良品种及其使用》

审稿人员

（按姓氏笔画排列）

王子玉　王秋生　田云峰　卢庆善　曲文祥
孙　振　李书平　李　刚　李廷华　杜　珍
杜　贵　杨　镇　吴东兵　张　驰　张明义
张金爱　周素英　赵劲霖　赵治海　郭二虎
曹广才　崔　林　董孟雄　谭丽萍

编写人员

（按书中出现顺序排列）

曹广才　吴东兵　王秋生　李书平　刘永庆
曲文祥　谭丽萍　田云峰　李廷华　周素英
董孟雄　周希志　张明义　李　刚　张瑛民
王振文　郭秦龙　庞永金　程有志　王向东
唐秀芝　任　蕤　宋　斌　曹建民　柏广山
杨　镇　杜荣才　张金爱　贾世峰　赵劲霖
卢庆善　胡广群　马忠良　李　涛　徐忠成
田长泰　冯文平　高士杰　刘晓辉　王黎明
柳青山　平俊爱　程庆军　白志良　郭二虎
吴国忠　崔秀辉　伊虎英　于金海　杜　贵
赵海云　朱学海　杜　珍　张喜近　孙　振
崔　林　陈有清　王子玉

序

随着改革开放的深入和现代化建设的不断发展，我国农业和农村经济正在发生新的阶段性变化。要求以市场为导向，推进农业和农村经济的战略性调整，满足市场对农产品优质化、多样化的需要，全面提高农民的素质和农业生产的效益，为农民增收开辟新的途径。农村妇女占农村劳动力的60%左右，是推动农村经济发展的一支重要力量。提高农村妇女的文化科技水平，帮助她们尽快掌握先进的农业科学技术，对于加快农业结构调整的步伐，增加农村妇女的家庭收入具有重要意义。

根据全国妇联“巾帼科技致富工程”的总体规划，全国妇女农业科技指导中心为满足广大农村妇女求知、求富的需求，从2000年起将陆续编辑出版一套“帮你一把富起来”科普系列丛书。该丛书的特点：一是科技含量高，内容新，以近年农业部推广的新技术、新品种为主；二是可操作性强，丛书列举了大量农业生产中成功的实例，易于掌握；三是图文并茂，通俗易懂；四是领域广泛，丛书涉及种植业、养殖业、农副产品加工等许多领域，如畜禽的饲养管理技术、作物的病虫害防治、农药及农机使用技术以及农村妇幼卫生保健等。该丛书是教会农村妇女掌握实用科学技术、帮助她们富起来的有效手段，也是农村妇女的良师益友。

“帮你一把富起来”丛书由农业科技专家、教授及第一线的科技工作者撰稿。他们在全国妇女农业科技指导中心的组织下，为农村妇女学习农业新科技、推广应用新品种做了大量的有益工作。该丛书是他们献给广大农村妇女的又一成果。我相信，广大农村妇女在农业科技人员的帮助下，通过学习掌握农业新技术，一定会走上致富之路。

沈淑济

2000年10月

沈淑济同志任全国妇联副主席、书记处书记

前　言

粮食生产是农业生产的基础。旱农地区的农业生产和粮食生产,在全国农业生产和粮食生产中至关重要。

适于旱农地区种植的粮食作物种类很多。本书选取了玉米(包括普通玉米和优质蛋白玉米及高油玉米等)、高粱、小麦(春小麦和冬小麦)、谷子、马铃薯、燕麦(指莜麦即裸燕麦)、荞麦(包括苦荞)这7种作物,作为撰写对象。它们当中有不少适于雨养条件下种植的优良品种,产生着巨大的效益。任何作物的种植,首先要使用品种。作物品种是生产活动的作用主体,也是各项综合技术的载体,在生产系统中起着核心的作用。长期以来,各种作物的品种资源极为丰富。几经更新换代,大批新的优良品种不断涌现,成果和成就迭出,产量得以大幅度提高,品质也显著得到改善,不少品种在产量的基础上以优质取胜。

本书从品种更新的角度出发,分类撰写了7种作物的110个品种,同时对其中的大部分品种配以彩色图片,使这些品种直观地展现在读者和生产者面前,可供挑选和使用,以期对旱区粮食生产发挥积极作用。这些品种具有高产、优质、抗逆和适应性广的特点,有着重要的实用价值和发展前景。

这本书的实用性较强。其出版也在一定程度上反映了育种工作的科研成果和生产成就。

本书的第一章和第三章由曹广才、吴东兵、王秋生和杨镇撰写。第二章按7种作物分成7节,邀请了有关专家和育种者及农技推广者依统一体例分别撰写,作者署名在每个品种介绍之后。书后附主要参考文献。

本书的主要读者对象是农技推广工作者、基层农技人员、热衷于科学种田并有阅读能力的农民。也可供农业科研人员和农业行政人员参考。

限于编者水平,不当和错误之处难免,敬请同行专家和广大读者指正。希望本书的出版,能对西部大开发中的良种使用,产生一些积极的影响。

曹广才　吴东兵　王秋生

2001年2月

目　录

第一章　概　述

第一节　北方旱地概况

我国北方旱地，指气象意义上北方旱区的农用田地。大部分是雨养条件下的旱地，也包括可灌溉的水地。北方旱区是秦岭、淮河及昆仑山以北，年降水收不抵支广大地区的统称。

一、范围和自然条件

北方旱区涉及16个省、市、自治区。包括辽宁、吉林、黑龙江的中西部，河北、山西、内蒙古、北京、天津、甘肃、宁夏、青海、新疆全部，山东、河南、陕西的北半部，以及安徽的一小部分。总面积约542万平方千米，其中耕地约0.5亿公顷，占全国总耕地的57%。

地势起伏，地形复杂。山地、丘陵、高原、川地、盆地、平原交错分布。既有阿尔泰山、天山、昆仑山、祁连山、太行山、燕山和大兴安岭等高大山体，有的海拔在3000米以上，又有平均海拔1000～2000米的黄土高原和内蒙古高原，还有海拔100米左右的山前平原。

土壤类型有灰褐土、荒漠土、草甸土、白浆土、黑土、沼泽土、黄绵土、栗钙土、潮土、盐碱土、黑垆土和褐土等，约占耕地面积的95%以上。

年均降水量250～600毫米，从东南向西北递减。光资源从东南向西北递增。实际日照时间长，日照百分率高。太阳辐射强度大。气温日较差大，并且从东南向西北逐渐增大。

二、分　区

（一）半干旱偏旱区

年均降水量为 250～350 毫米，干燥度为 3.0～3.5。土地面积约 26 万平方千米，其中耕地面积仅 184.1 万公顷，牧地约 1 032.3 万公顷。东起呼伦贝尔草原，经鄂尔多斯草原、陇西黄土丘陵、祁连山北麓，到柴达木盆地。

（二）半干旱区

年均降水量为 350～500 毫米，干燥度为 1.6～3.0。土地面积为 119 万平方千米，其中耕地 1 661 万公顷，林地 1 090.7 万公顷，草地 4 705 万公顷。该区东起大兴安岭西麓，经河北、山西北部高原山地，山西、陕西黄土高原北部，内蒙古河套地区，陇西黄土丘陵、祁连山地，青海湟水谷地、青南高原，到新疆伊犁盆地。

（三）半湿润偏旱区

年均降水量为 500～600 毫米，干燥度为 1.3～1.6。土地面积 67 万平方千米，其中耕地 1 577.9 万公顷，林地 1 627.7 万公顷，草地 297.1 万公顷。包括松花江嫩江平原、吉林中部、燕山北部、华北平原、河南西部和北部、太行太岳山地、临运盆地、关中平原和陇中黄土高原等地。

三、熟　制

从积温和熟制的关系看，若大于和等于 10℃的积温小于 3 200 度・日，则只能一年一熟；达 3 200～4 500 度・日，可两年三熟或一年两熟。北方旱区大部分属中温带，大于和等于 10℃的天数为 100～170 天，积温为 1 600～3 400 度・日，基本上是一年一熟制。海拔800～1 000米的地区，大于和等于10℃的积温在3 000度·日以上，一熟有余，两熟不足。大于和等于10℃的天数为171～218天，积温为3 400～4 800度·日的地区，属暖温带，大田作物可两年三熟或一年两熟。

第二节 北方旱地作物及其品种的耐(抗)旱性

我国北方旱区，一般情况是生态系统脆弱，环境条件的制约因素突出一个"旱"字。因此在种植业中，对于农作物及其品种的使用和选择，首先要考虑其对干旱的耐受和抵抗能力。

玉米、小麦、高粱、谷子、马铃薯、莜麦(裸燕麦)和荞麦等是适于北方旱区种植的农作物。它们之中有许多品种能在水分胁迫(Water Stress)条件下完成生长发育过程，通过合理的栽培措施，使之得到一定或较为理想的产量。如果协调好品种与环境条件的关系，就能充分发挥二者的产量潜力，产生预期效益。有的品种是专用的旱地品种，也有的品种既适于旱地雨养条件种植，也可在灌溉地栽培。

一、作物及其品种对干旱的反应

在干旱即水分胁迫的条件下，植株对其产生一定的反应，发生形态和生理上的一系列改变。

(一)形态改变

第一，叶面积减小，以减少水分散失。这是作物的一种自我保护。

第二，生殖器官分化受影响，禾谷类败育小花增多。

第三，影响授粉和受精。

(二)生理变化

第一,光饱和点和补偿点降低。

第二,气孔阻力增加。

第三,叶绿素含量减少,片层结构遭到破坏。

第四,硝酸还原酶活性降低。

二、干旱反应的判断指标

农田中,一个具体的作物品种,是否缺乏水分,发生了水分胁迫反应,一般可用如下指标的变化去判断。

(一)形态指标

根冠比、单株叶面积、气孔阻力、叶向值、叶形值和收获器官形状等。

(二)生理、生化指标

主要有叶片失水率,根部失水速率,叶片光合速率,相对电导率,水势,脯氨酸含量,叶片超氧化物歧化酶(SOD)活性,叶片维生素C、丙二醛含量等。

1. **脯氨酸** 是植株体内渗透压调节成分之一。在水分胁迫下含量积累增加,增加细胞内溶液浓度,降低其渗透压,使植株保持一定的压力而维持生长。

2. **超氧化物歧化酶** 超氧化物歧化酶(SOD)与过氧化物酶(POX)和过氧化氢酶(CTA)构成叶片的保护性酶系统,可消除有害自由基,保护膜系统。

3. **相对电导率** 这是反映水分胁迫下生物膜受伤害程度的一个指标。

一般把叶片丙二醛含量、叶片失水率、相对电导率、叶片SOD活性和叶片维生素C含量作为综合鉴定植株抗旱或耐旱性的五项指标。

在北方旱区雨养条件下，作物及其品种的耐(抗)旱性主要表现在对水分胁迫的反应上。不耐或不抗旱的作物及其品种，在水分胁迫下，生长发育不正常，严重水分胁迫甚至使其枯死，严重减产或绝收。作物和品种耐旱、抗旱能力强，通过对水分胁迫的反应，协调体内的水分和营养平衡，维持一定的生长发育节律，能够完成整个生长发育过程，从而可使其被收获器官达到一定的产量水平。

第三节 不断实现品种更新换代

一、优良品种具有至关重要作用

在农业生产上，农作物是人类活动的作用主体，也是各项和综合技术的载体。在任何农业生产系统中，作物和品种是核心。农作物即栽培植物，是在漫长的历史过程中，野生植物被引种和驯化，经自然选择和人工选择，并且主要是人工选择而形成的。据考证，大约10 000年前，小麦(一粒小麦)已出现在土耳其的可耕地上；8 000～10 000年前，美洲大陆是玉米的起源地，其驯化和栽培是在公元前5 000年的墨西哥；14 000年前已有马铃薯起源……。而作物的品种则是农作物的物种经过人工定向选择和培育的结果，是人类考虑经济性状和特定需要为主，具有一定经济价值和共同遗传特点，遗传上相对稳定，适应一定自然和栽培条件，表现型基本一致的种内个体群。选择、培育和使用作物优良品种，可以大大提高农业经济效益，改善人们生活。随着育种科学的发展和育种手段的不断进步，以及生物技术的创新，如今各种农作物都有种类繁多、类型多样的品种，种质资源非常丰富，并且不断涌现新品种。

这对于不断提高农产品的产量和质量，创造良好的经济效益，促进农业发展，具有至关重要的作用。

二、品种更新换代是长期连续工作

一个优良品种，从开始培育到成功，从初步成功到完善，再从通过审定到推广，需要做大量艰苦细致、琐碎具体的实际工作。而且，一个品种优良品性的发挥，也是相对的；它所适应的自然环境和栽培条件，也是特定的。一旦超出这个范围，它的优良品性就可能不复存在或不能充分存在。要适应这种新的环境条件，就要对已有的良种进行改进性培育，或者用适应这种环境条件的新品种来代替它。因此，经过一定周期育成品种的过程，是长期的连续的工作。

进行优良品种的引种或异地种植，需要经过调查研究、分析比较、种植试验和推广扩大等一系列具体实在的工作，才能取得最后的成功。从这些具体工作的逐一完成，到最后在一定范围内的引种成功，也是长期的连续的过程。

同任何事物都处在发展变化的过程中一样，粮食作物的具体品种及其所适应的环境条件，也处在不断发展变化的过程中。要使品种适应千变万化的客观自然环境和栽培条件，就要不断实现品种的更新换代，使其适应性和客观条件较好地统一起来。这样，就能在农业生产中不断取得成功，连续获得理想效益。

事实表明，在品种使用中，育成品种，引种品种，异地种植品种，都是长期的连续工作。从我国北方旱地实际情况出发，通过育种和引种，对粮食作物不断实现品种的更新换代，才能在种植中不断获得产量越来越高，品质越来越好的粮食产品，更好地满足人们日益增长的物质和文化生活的需要。

三、积极推广使用好现有优良品种

同其他地区一样，发展北方旱地农业生产，选择作物和品种是关键。

在众多而纷繁的品种中，相互比较，必然有优有劣。有的产量高且稳定，有的产量低而不稳；有的品质好，有的品质较差；有的抗逆性强，有的抗逆性差；有的适于旱地种植，有的不适于旱地生长；有的生态适应性强，有的生态适应范围较小。选用具体的优良品种，一般能使产量提高10%～20%，或者更高。

品种中既有农家品种，又有育成品种。在玉米、高粱等作物中，还有大量的杂交种被广泛使用。限于环境和自然条件，主要是在雨养条件下种植。本书所讲到的玉米、高粱、小麦、谷子、马铃薯、燕麦和荞麦等7种主要粮食作物中，都有一批抗旱或耐旱的品种。经过多次品种更新换代，本书中所介绍的以上7种作物的110个品种，都是适于北方旱地种植的优良品种，可供各地选择。

第二章　北方旱地主要粮食作物优良品种

小麦、玉米、高粱、谷子、马铃薯、燕麦和荞麦，是我国北方旱区主要的 7 种作物，它们的产量和品质情况，对群众生活和国家经济，有着重要的作用。它们当中的一些有代表性的优良品种，特别是一些具有品种更新作用，发展前景看好的品种，正在得到广泛推广和应用。

第一节　小麦优良品种

本节对辽春 9 号等 8 个春小麦品种和豫麦 61 等 6 个冬小麦品种，依照先春小麦、后冬小麦的顺序，育成和审定年代的先后，分别予以介绍。

辽春 9 号

辽春 9 号，原代号为辽 25-3。是辽宁省农业科学院作物育种研究所张淑琴、翟德绪、陶湛、杨廷伏和林素兰等人，于 1973 年以申 612 为母本，与辽春 7 号杂交，经过 5 个世代的系谱法选育而成。1985 年，经内蒙古自治区农作物品种审定委员会认定，1991 年又由辽宁省农作物品种审定委员会审定并命名，定为国内具有先进水平的小麦良种。

辽春 9 号品种为春性。从出苗至成熟约 83 天。全生育期需大于和等于 0℃的积温 1 500～2 500 度·日。主茎有 7 片叶。幼苗直立,叶片披散。株高100厘米左右,茎秆较弱。成熟时熟相好,麦穗口松,晚收易落粒。纺锤形穗,穗长8～9厘米,有芒,白壳,红粒。每穗有小穗16～18个,结实30粒左右。籽粒卵圆形,千粒重38～42克。抗倒性较差,但在间作条件下不易倒伏。耐旱,耐瘠薄,耐干热风。抗秆锈病,轻感叶锈病和白粉病。叶枯病较轻。

该品种在旱地栽培,一般单产为200～250千克/667平方米,高产田单产可达300～400千克/667平方米。籽粒含粗蛋白质16.4%,湿面筋42.4%,沉降值36毫升。

该品种植株较高,生长繁茂,抗倒性较差,不宜进行灌水栽培。在半湿润地区宜与玉米间作,旱作栽培。一般每667平方米播种量为18～19.5千克,保苗40万株左右。播种时每667平方米施磷酸二铵10千克,尿素5千克,钾肥7千克。在三叶期,结合降雨每667平方米追施尿素15千克。要及时除草和防治蚜虫与粘虫。成熟后要及时收获,防止落粒。

该品种适合于辽宁北部、吉林南部的玉米、小麦间作区,及内蒙古自治区赤峰市各旗、县种植。　　　　(李书平)

内麦20号

内麦20号组合为老春麦/黑麦//Spuntimek。1976年内蒙古自治区农业科学院作物研究所在武川县旱作试验中心,以宁夏回族自治区旱地普通小麦地方品种老春麦为母本,当地黑麦为父本进行远缘杂交,又经秋水仙素加倍处理,获得八倍体小黑麦。1979年,又选用前苏联普通小麦品种Spuntimek为父本,与其杂交,经连续多年选择,育成新品系931。1994年,经内蒙古自治区农作物品种审定委员会审定,命名为内麦20号。育成人员有刘敬儒、赵瑞霞和李华荣等。

该品种在内蒙古阴山南部地区种植时，生育期为95～100天；在阴山北部地区种植时，其生育期为100～105天。幼苗灰绿色，叶片窄长，茎、叶密生茸毛。株高在旱坡地上为60～70厘米，在旱滩地上为90～100厘米。分蘖力强，一般单株平均分蘖1.5～3.0个，分蘖成穗率为20%左右。前期生育缓慢，后期灌浆快。从出苗至抽穗约59天，从抽穗至成熟约42天。幼穗分化全过程约31天。纺锤形穗。穗长6～8厘米，长芒，颖壳红色。穗粒数较多，主穗25粒左右。籽粒硬质，琥珀色，千粒重35～40克。根系发达。高度抗旱、抗寒、耐瘠。适应风大、沙多、气候寒冷、土地瘠薄、大气和土壤双重干旱的生态环境。

该品种的平均单产，在旱坡地上为60～100千克/667平方米，在旱滩地上为100～200千克/667平方米，分别比当地主栽品种增产10%～20%和15%。籽粒蛋白质含量为14.6%。

种植该品种，应抢墒早播，每667平方米的播种量，在旱坡地上为20万～25万粒，在旱滩地上为30万～35万粒。

该品种适宜阴山丘陵区旱坡地、旱滩地和平川旱地种植，为该地区的主要搭配品种。（刘永庆）

沈免85

沈免85，系沈阳农业大学植物免疫研究室张书绅和张钰文，于1982年以铁春1号为母本，中间育种材料沈免812964为父本，进行杂交，经过7个世代的系统选育而成。1991年，经辽宁省农作物品种审定委员会审定命名，定为辽宁省内具有先进水平的品种。

沈免85品种为春性。从出苗至成熟约81天，全生育期内需大于和等于0℃积温1 500～2 500度·日。主茎有7片叶，幼苗直立，叶披散。株高95厘米左右。熟相好，落粒性中等。纺锤形穗，有小穗18个左右，长芒，白壳，红粒，每穗结实30粒左右。籽粒卵圆形，千粒重42克左右。植株健壮，较抗倒伏。耐干热风，耐旱性较强。高抗叶锈病，中抗白粉病和叶枯病，对散黑穗病免疫。

该品种平均单产为250～330千克/667平方米。它的籽粒含粗蛋白质16.4%，湿面筋31.4%，沉降值为42.0毫升。

该品种适合半湿润地区旱作栽培，清种和间作均可。每667平方米播量为19～20千克，保苗40万株左右，成穗40万穗左右。播种时，每667平方米应施磷酸二铵15～20千克，尿素5千克。在三叶期时，结合降雨每667平方米追施尿素15～20千克。

该品种适合于辽宁省米麦间作区和辽河、浑河、太子河流域河滩地间作或清种。　　　　（李书平）

铁春3号

铁春3号，原代号铁86046-3-2-11-9。由辽宁省铁岭市农业科学院小麦研究所赵柏青、张勒、耿巍、郭士廉、张万志、金永珍和孙淑兰，于1986年用母本铁春1号×鉴7025与父本82-7232杂交选育而成。1999年7月份，通过辽宁省农作物品种审定委员会审定。

该品种从出苗至成熟约80天，全生育期需大于和等于0℃积温1 500～2 500度·日。春性。主茎叶数为7～8片。幼苗直立，叶色浓绿，叶耳白色，株型紧凑。株高85～90厘米。茎秆粗壮，根系发达，抗倒伏。较为耐旱。不易落粒。抗高温、高湿和干热风。抗秆锈病和条锈病，轻感叶锈病和白粉病，抗叶枯性病毒。

铁春3号一般单产为250千克/667平方米。籽粒含粗蛋白质15.8%,湿面筋36.8%,沉降值为39.25毫升,面团稳定时间3.75分钟。

该品种在3月中旬播种。播种时,应该选择地势平坦、保墒能力强、土质好、肥力高的地块。每667平方米的播种量为18～20千克,保苗45万株。在有灌水条件的地区,可按需要进行节水灌溉。该品种适合于半干旱河滩地及土壤肥力较高的平肥地种植。　　(李书平)

赤麦2号

赤麦2号,组合为文革1号/克旱6号。1985年,赤峰市农业科学研究所以文革1号为母本,克旱6号为父本,杂交后经连续多代选择,于1987年育成新品系赤87品30。1994年,经内蒙古自治区农作物品种审定委员会审定,命名为赤麦2号。参加选育的人员,有曲文祥、白翠云和谭丽萍等。

赤麦2号的生育期为87～92天。成株有9片叶。幼苗半直立,叶片深绿色,叶耳紫色。旗叶较大。茎秆强壮,富有弹性。株高100～105厘米。苗期生育较缓慢。抽穗后灌浆快,不青枯,不早衰,落黄好。分蘖力强。方形穗,长芒。穗长7～9厘米。多花,穗顶部小花较密,中下部小穗排列均匀。单穗粒数为29～34粒。颖壳白色。籽粒硬质,琥珀色,千粒重42～45克。根系发达。较抗穗发芽。高抗秆锈病和散黑穗病,轻感叶锈病。适应性较广,可在春季干旱、生育后期雨热同季和病害较重的生态环境中,正常生长、结实和成熟。

该品种平均单产为200～266.7千克/667平方米,比赤峰当地主栽品种增产10%～20%。籽粒蛋白质含量14.2%,

面粉白，品质较好。

赤麦 2 号在旱平地及二阴地种植时，其密度为 36.67 万株/667 平方米，在水浇地的种植密度为 33.33 万株/667 平方米左右。

该品种可以水、旱地兼用。适宜大兴安岭南部地区中等水肥条件的水地，或平川旱地及二阴地种植，为该地区的主要搭配品种。　　（刘永庆）

蒙麦 22 号

蒙麦 22 号，组合为九三 83-833//克 72-99/东农 111//拉 10954。1975 年，海拉尔农牧场管理局拉布大林农场良种站，用克 72-99 为母本、东农 111 为父本进行杂交，育成拉 274。1981 年，以拉 274 作母本，引进的多年生小麦拉 1095 为父本，进行杂交，育成拉 957。1989 年，又以九三 83-833 作母本，拉 957 作父本，进行杂交，后来又经连续选择，于 1995 年育成新品系繁 8。1997 年，经内蒙古自治区农作物品种审定委员会审定，命名为蒙麦 22 号。参加选育的人员，有李仁杰、耿玉莉、耿玉成和张建民等。

蒙麦 22 号的生育期为 100～105 天。幼苗直立，叶色浓绿，叶片宽大，生长繁茂。株高 100～110 厘米。长方形穗，长芒，穗大粒多。穗长 8～10 厘米，穗粒数为 35 粒左右。籽粒硬质，琥珀色，千粒重 40 克以上，容重为 800～820 克/升。生育前期抗旱，后期耐湿。抗穗发芽能力较强。高抗丛矮病，田间发病率在 5%以下。口紧，不易落粒。适应丛矮病严重、春季天气干旱和生育后期多雨潮湿、低温的生态环境。

蒙麦 22 号单产为 266.67～300 千克/667 平方米，比海拉尔当地主栽品种增产 10%以上。其籽粒的蛋白质含量为

14.8%。

该品种在种植时应适当早播，种植密度以30万～40万苗/667平方米为宜。

蒙麦22号适宜大兴安岭地区旱地种植，是该地区的主栽品种之一。（刘永庆）

蒙麦30号

蒙麦30号(彩图1)，原代号为88品2。是内蒙古自治区赤峰市农业科学研究所曲文祥和谭丽萍等人，在1988年从铁春1号的天然杂交株后代中，系统选育而成。1995年3月份，通过赤峰市新品种审定。

蒙麦30号品种春性。生育期约86天，属早熟品种。幼苗直立。叶片为深绿色，成株有7片叶。株高约93厘米，秆强不倒。穗长约8厘米，纺锤形，多花，长芒，白壳，红粒，千粒重38.6克。抗干热风，不青枯，不早衰。高抗秆锈病和叶锈病，其他田间病害也较少。

1990～1992年，该品种在赤峰市水浇地区域试验中，平均单产为318.5千克/667平方米，比对照辽春9号平均增产5.7%；1991年和1992年，在生产示范中，平均单产为336.1千克/667平方米，比对照增产8.5%。在水浇地大面积生产示范中，一般单产为350千克/667平方米，旱地夏播的单产在150～200千克/667平方米。经农业部品质检测中心化验，籽粒蛋白质含量为15.4%，赖氨酸含量为0.8%。

种植该品种，要适时播种。水地以清明前后播种为宜，旱地夏播应于5月20日左右播种。每667平方米的保苗数，水浇地不少于40万株，旱地不少于35万株。

该品种适宜内蒙古及松辽平原早熟区水浇地高产麦田种

植，也适于丘陵山区旱肥地夏播区种植。（曲文祥　谭丽萍）

蒙麦31号

蒙麦31号（彩图2），原代号89-64。是内蒙古自治区赤峰市农业科学研究所曲文祥和谭丽萍等人，于1985年从辽宁材料TO1高代分离中，经系统选育而成。1995年3月份，通过赤峰市新品种审定。1999年，通过内蒙古自治区农作物品种审定委员会审定并命名。

蒙麦31号品种为春性。生育期约85天，属早熟品种。幼苗直立。叶片绿色，成株有7片叶。株高85厘米，秆强不倒。穗长约8厘米，纺锤形，多花，长芒，白壳，红粒，千粒重38.8克。抗秆锈病、叶锈病、白粉病和黑颖病。该品种与原TO1的区别是：株高比原品种高约5厘米；叶片为绿色，而TO1为灰绿色；株型较紧凑，麦穗比原品种大；千粒重比原品种重4克，籽粒黑胚率低。

1991年和1992年，该品种在内蒙古全区水浇地区域试验中，其12个点次平均单产为345.93千克/667平方米，比统一对照品种内麦17平均增产10.42%。在1993年和1994年的内蒙古全区生产示范中，其13个点次平均单产为310.2千克/667平方米，比对照平均增产12.4%。在大面积生产示范中，一般单产400千克/667平方米。在阴山丘陵旱地夏播时，单产为150～170千克/667平方米。经农业部谷物品质检测中心化验，其籽粒的蛋白质含量为14.6%，赖氨酸含量为0.8%。

种植蒙麦31号，应适时播种。水地以清明前后播种为宜，丘陵旱地以5月20日左右播种为好。每667平方米保苗水浇地应不少于40万株，旱地不少于35万株。

该品种适宜于内蒙古东部及松辽平原早熟春麦种植区具有中等肥力以上条件的水浇地上种植，也适于旱地夏播区种植。　　（曲文祥　谭丽萍）

豫麦 61

豫麦 61（彩图 3），原名郑州 8915 和郑旱 1 号。1989 年，河南省农业科学院小麦研究所以郑州 831 为母本，豫麦 13 作父本，进行杂交选育而成。1999 年，通过河南省农作物品种审定委员会审定，定名为豫麦 61。

豫麦 61 的全生育期为 235～246 天，平均 241.8 天，比豫麦 2 号晚熟 2～3 天，属中晚熟品种。冬性较弱。幼苗匍匐。主茎叶数有 13 片左右。冬前，每生长一片叶，需活动积温65～70 度·日；春季，每长一片叶，需活动积温 80～85 度·日。株高 85～90 厘米，穗下节较长，约占株高的 40%。单株叶面积较大，叶片功能期长。根系发达，活力强，每株比豫麦 2 号次生根多 2～3 条。春生根较多。长方穗，长芒。白壳，白粒。经河南省农业科学院植物保护研究所 1994～1995 年综合抗病性鉴定，中抗白粉病，高抗条锈病，中感至中抗叶锈病。1997 年，经河北省农林科学院旱作农业研究所鉴定，在全国 8 省 26 个耐旱品种中，其产量居首位，抗旱指数（为 1.37）和节水指数（为 1.43）亦居首位。

1996～1999 年，该品种连续三年参加河南省旱地组区域试验，各年的平均单产分别为 349.7 千克/667 平方米、321.6 千克/667 平方米和 292.7 千克/667 平方米，比对照豫麦 2 号分别增产 3.6%、3.4%和 8.1%。产量位次，在 1996～1997 年居第二位，其余两年均居第一位。常年千粒重 40～50 克，容重 786 克/升。籽粒含粗蛋白质 14.18%，湿面筋 31.8%，面团形成时间 3.0 分钟，稳定时间为 5.8 分钟，适合加工中筋粉。

这是个旱地高产品种，适合旱地和旱肥地种植。由于植株偏高，因此在水地应慎用。在水肥条件较好的地块种植时，要防倒伏。抗寒性好，可抢墒早播。种植中，每 667 平方米一般应施有机肥 3000 千克，碳酸氢铵 40 千克，磷肥 50 千克，钾肥 20 千克，以施底肥为主。生育后期要注意防治穗蚜。

该品种适于河南省西部、西北部旱区、丘陵旱地及淮河以北平原旱地种植。1999 年，它在河南省的夏收面积为 6.09 万公顷(91.4 万亩)。它现已累计推广 9.43 万公顷(141.4 万亩)。　　(田云峰)

GS 石 4185

GS 石 4185 品种(彩图 4)，是由河北省石家庄市农业科学研究院史占良等人采用太谷核不育技术，将植 8094、宝丰 7228、冀麦 26 号等多个优异亲本，进行聚合杂交，后又经连续多年异地交替定向选育，从而形成的新品种。1997 年和 1999 年，先后通过河北省和全国农作物品种审定委员会审定。

该品种属弱冬性中熟种。它的分蘖力较强，成穗率高。株高 75 厘米左右，穗层整齐，长芒，纺锤形穗，穗长 8 厘米左右，穗粒数约 35 粒。白粒，半硬质，千粒重约为 38 克，容重 790 克/升以上。抗寒，抗倒，耐盐碱。抗干热风，抗穗发芽。

GS 石 4185 在省和国家的区试及大面积生产中，表现高产、稳产。其一般单产为 500 千克/667 平方米，最高者达 716.7千克/667 平方米。1995 年，在河北省区试中，8 个点的平均单产为 523.58 千克/667 平方米，其中 6 点居第一位，最高单产为 608.75 千克/667 平方米，比冀麦 36 号增产 3%。1996 年，在 7 省 17 个点的全国小麦新品种筛选试验中，最高单产达716.7千克/667平方米(在新疆),居9个参试品种的第一位,比鲁麦14增产6.21%。1999年,在赵县实施河北省科委招标项目“冬小麦10万亩亩产550千克大面积示范”中,平均每667平方米产量为552.0千克。抗旱鉴定中,在0水、二水、四水三个处理中,单产分别为284.9千克/667平方米、382.1千克/667平方米和414.1千克/667平方米,分别比冀麦36增产10.9%、10.8%和9.8%,抗旱和节水指数分别为1.12和1.15,居参试品种的首位。在干旱少雨年份,它的单产均在400千克/667平方米以上。现为河北省抗旱鉴定对照品种。其籽粒蛋白质含量为15.87%,湿面筋37.1%,沉降值为36.43毫升,面团品质评价值47.0,面包评分为81分,面粉强度(W)为135,弹力与体积比值(P/L)为0.51。适于加工面条和馒头等食品。

GS石4185品种在冀中南的适宜播期为10月1～10日。高水肥地每667平方米留基本苗15万～18万株,中水肥地每667平方米的留苗数以18万～20万株为宜,在晚播、干旱及半干旱地,应适当加大播种量。播时要浇足底墒水。播前要施足底肥,施量为每667平方米施粗肥3～5立方米,纯氮6～7千克,纯五氧化二磷8～9千克,追肥应在起身期、拔节期分两次施用,第一次以起身期末为宜,总追肥量一般为每667平方米施纯氮7～8千克。种植中,要及时防治病虫害。

该品种适宜黄淮北部及新疆南部中等以上水浇地种植,也可在该区干旱及半干旱地示范种植。 (李廷华 周素英)

豫麦67

豫麦67(彩图5),系河南省郑州市农业科学研究所,于1982年用矮丰3号/孟201//牛株特为母本,豫麦2号为父本，进行杂交，后经多年系选而成。原名郑农8号。2000年10月份，通过河南省农作物品种审定委员会的审定，被定名为豫麦67。

该品种冬性较弱，属中早熟品种。全生育期为232天左右。幼苗半匍匐，叶色黄绿，分蘖力较强，成穗率较高。植株生长健壮，茎秆较粗，株型紧凑。株高80厘米左右。叶片上冲，蜡质重，旗叶较短，叶间缢痕明显。长方形穗，长芒，白壳，无茸毛，护颖椭圆形。籽粒白色，卵圆形，腹沟浅而宽，角质。穗粒数为32～35粒，千粒重35～40克，容重802克/升。根系发达，抗倒性好。抗干热风。耐旱性强，耐旱指数为0.8934。据河南省农业科学院植物保护研究所鉴定，该品种高抗根腐病，中抗条锈病、叶锈病和叶枯病，中感白粉病和纹枯病。

1998～2000年，该品种先后参加国家旱地区域试验、河南省旱地区试和生产示范，均表现丰产稳产。1998年，在国家旱地区试的河南省试点中，其平均单产为352.1千克/667平方米，比对照豫麦22号增产8.7％。在当年河南省旱地区域试验中，平均单产为321.1千克/667平方米，比对照豫麦2号增产3.1％。1999年和2000年，该品种连续两年参加河南省生产示范，均遇较大干旱，豫麦67在试验中表现较好。它在1999年的平均单产为287.1千克/667平方米，比豫麦2号增产4.9％；在2000年的平均单产为264.3千克/667平方米，比对照豫麦2号增产9.9％。该品种营养品质与加工品质俱佳。经国家农业部谷物品质监督检测中心测试，其籽粒含粗蛋白质14.85％，湿面筋32.7％，沉降值31.1毫升，吸水率为60.8毫升/100克，面团形成时间3.8分钟，稳定时间为5.3分钟，评价值为54，面包体积890毫升，面包评分86.3，主要指标接近强筋粉标准。

该品种适应面广，旱地和水地均可种植。旱地栽培中，一般每667平方米的播量为6～8千克。播时要注意精播匀播，保证全苗。拔节前，每667平方米要喷施15％的多效唑粉剂30克，防止倒伏。在生育后期，要注意防治穗蚜。

该品种适合河南省中、北部旱地或单产为400～500千克/667平方米产量水平的地区，作早、中茬种植。（田云峰）

晋麦47

晋麦47（彩图6），组合为12057×旱522/K37-20。其母本12057，来源于中国农业科学院，旱522/K37-20来源于山西省农业科学院小麦研究所旱地育种组。由山西省农业科学院棉花研究所旱地小麦育种组育成。参加人员有董孟雄、周希志、李秀绒、柴永峰和孙来虎等。于1993年出圃育成。后分别参加全国和山西全省区域试验。1995年，通过山西省农作物品种审定委员会审定。1998年，又通过国家审定。

晋麦47品种的全生育期为240～245天。主茎总叶数为12～14片，其中冬前叶为7～9片，春生叶为4～5片。冬前分蘖一般是7～10个。株高85～88厘米。叶片较短，叶色深，旗叶面积为16.3平方厘米。穗下节长为19.6厘米，穗长8～12厘米，小穗数16～20个，每667平方米成穗30万～37万穗，穗粒数为28～35粒，千粒重40～45克。长方形穗，长芒，白壳，白粒，籽粒长形。根系发达，每株初生根有5～8条，次生根有10～15条。茎秆弹性强，抗倒伏。抗旱指数为1.2，抗旱级别为1～2级，表现抗旱性为1级。据抗旱生理指标测定，开花期旗叶细胞膜相对透性13.33％，硝酸还原酶活性和根系活力均较高。

晋麦47品种的常年单产为300千克/667平方米，干旱年单产为200千克/667平方米左右，丰水年单产可达400千克/667平方米。在山西省三年的区域试验中，平均单产为249.2千克/667平方米，比对照晋麦33增产12.4%。据国家农业部谷物品质监督检验测试中心检验报告，籽粒含蛋白质(干基)16.02%，湿面筋33.8%，沉降值为38.1毫升，容重774克/升，吸水率为57.4%，面团稳定时间为5.2分钟。

晋麦47的最适播期为9月25日至10月5日。每667平方米的播种量为5～7.5千克。施用氮、磷、钾肥的肥量比例为15∶15∶10。在生育后期，根外追施农家宝、旱地龙等，增产效果明显。

该品种适于一般旱地、厚旱地及扩浇水地种植。是我国北方黄淮流域山西、河北、山东、河南和陕西等省的广大旱地推广的优良品种。　　（董孟雄　周希志）

花521

花521(彩图7)，由河北省农林科学院粮油作物研究所王培研究员应用生物工程技术培育而成。其组合为(5112×京花1号)×宝丰7228。2000年4月份，通过河北省农作物品种审定委员会审定。

花521为弱冬性中熟品种。生育期为236～242天。分蘖力强，单位面积穗数多，活秆成熟。株高78～82厘米。穗粒数为31粒，千粒重42.5克。抗干热风能力强。

该品种在中上等肥力地块种植时，适期浇1～2次水，一般单产450～500千克/667平方米，最高单产量达608千克/667平方米。在河北省区域试验中，只浇1～2次水的12点次地块，平均单产为449.3千克/667平方米，比对照石4185每667平方米增产17.9千克。浇1～2次水的花521同浇3～

4 次水的对照产量相同。其籽粒含蛋白质 14.95%，赖氨酸 0.45%，干面筋 12.6%，湿面筋 39.9%。粒大皮薄，出粉率高。

花 521 小麦品种在栽培中，要适期播种。每 667 平方米保留基本苗 12 万～14 万株，地力差的地块应适当多些，水肥条件好的地块可适当少些。在田间管理时，应施足底肥，足墒播种。冬前，根据墒情可浇冻水，也可不浇冻水。翌年返青后，在中上等肥力地块上，应推迟浇第一水的时间，以促进其分蘖两极分化。一般在拔节后(约 4 月 10 日左右)浇第一水。在灌浆期，根据墒情和天气情况，可浇也可不浇第二水。

该品种适合于在河北省文安以南中等水肥条件的土地上种植。 (李廷华　周素英)

临抗 1 号

临抗 1 号(彩图 8)，于 1989～1994 年，由中国农业科学院作物育种栽培研究所，在北京以无芒中 4 为抗源，与宛 7107 杂交、回交，再与丰抗 13 杂交、回交(宛 7107×2/中 4//2×丰抗 13)后，1995～1998 年再由山西省农业科学院小麦研究所在临汾经抗病性和农艺性选择而育成。1998 年，通过国家黄海淮旱地区试；2000 年，通过山西省南部旱地区试。育种者有张明义、辛志勇、陈孝、乔合心和曹亚萍。

临抗 1 号系冬性中熟品种。全生育期约 220 天，需大于和等于 0℃积温 1 935 度·日。幼苗半匍匐状，叶耳紫色，分蘖力强，返青较早。穗下节较长，旗叶较短，上冲。株高 90 厘米左右。抽穗期一致，穗层整齐，成穗率高。灌浆快，落黄好。穗纺锤形，长芒，白颖。籽粒圆形，白色，硬质。每 667 平方米穗数为 40 万～60 万穗，穗粒数为 30 粒左右，千粒重 30～40 克。根系发达，茎秆弹性好，抗倒伏。抗旱指数为＞1.0，抗旱性较高。抗冻性属二级，耐寒性较好。高抗大麦黄矮病毒GPV株系，对条锈病免疫，中抗叶锈病，中感白粉病。

临抗1号的单产为300～400千克/667平方米。1996～1998年，在临汾三年旱地品种比较试验中，该品种的平均单产量为382.3千克/667平方米，较晋麦47增产10.2%。在黄淮旱地区域试验中，它的平均单产为346.8千克/667平方米，比晋麦33增产3.5%。1998～2000年，参加山西省南部旱地区域试验和生产试验，该品种三年区试的平均单产为215.2千克/667平方米，比晋麦47增产1.91%。在两年20个点的生产试验中，其平均单产为230.1千克/667平方米，较晋麦47增产6.3%。1999年，在10个点的地膜覆盖生产试验中，它的平均单产为252.7千克/667平方米，较晋麦54增产4.6%。其籽粒含粗蛋白质14.8%，湿面筋35.4%，沉降值为36毫升，出粉率为70.1%，容重为780克/升。

该品种在种植中适期晚播2～3天，每667平方米的播种量为6.67～8千克。播前，可用小麦拌种剂拌种，并按氮、磷、钾配合比例一次施足底肥。在早春，要适时耙耱镇压保墒。在孕穗至灌浆期，可进行叶面喷灌和根外追肥等。

该品种适于黄淮麦区丘陵旱地，特别是山西省南部的旱地种植。　　（张明义）

第二节　玉米优良品种

本玉9号等22个有代表性的玉米杂交种优良品种，既有群众大量种植的普通玉米，也有像优质蛋白玉米和高油玉米等类型的特用玉米。

这些品种在品种更新中发挥了重要作用，适于北方旱区种植。下面按照育成年代的先后，逐一加以介绍。其他在我国玉米生产中起过重要甚至巨大作用的老品种，像中单 2 号这样的品种，均未列入。

本玉 9 号

本玉 9 号(彩图 9)，系辽宁省本溪县农业科学研究所王树功等人于 1984 年以 7884-7 为母本，Mo17 为父本，组配而成的玉米杂交种。1990 年，经辽宁省农作物品种审定委员会审定命名，将它定为国内先进水平的品种。

该品种的生育期约 120 天。幼苗芽鞘绿色，长势较强。株形呈塔状，茎秆韧性好。株高约 270 厘米，穗位 100 厘米。雄穗分枝中等，花药绿色。雌穗花柱白色。果穗斜伸，长筒形，苞叶良好，穗长约 24 厘米，穗行数为 14～16 行，穗轴红色。籽粒黄色，马齿形，百粒重约 36 克，出籽率为 85%。抗倒伏，抗旱，较耐涝、耐瘠薄，抗病性强。

1985～1987 年，该品种在辽宁省中熟组区域试验中，平均单产为 631.4 千克/667 平方米，比对照铁单 4 号增产 16.4%。1987～1990 年，该品种在东北各地及内蒙古自治区参加区域试验及生产试验，比对照铁单 4 号、吉单 131、中单 2 号和四单 8 号等增产 10%～20%。该品种籽粒含蛋白质 9.1%，脂肪 4.45%，赖氨酸 0.26%。

该品种在 4 月下旬至 5 月上旬播种。对水肥条件要求不严格，山地、平地均可种植，肥水充足时更能发挥其增产潜力。清种时，每 667 平方米保苗 3 000～3 300 株。制种时，父母本的行数比为 1∶4 或 1∶5。一期父本与母本同播。待一期父本发芽后，播二期父本。父本每 667 平方米保苗 3 300 株，母本每 667 平方米保苗 4 000 株。

该品种在辽宁省东部和北部中熟地区，吉林省中晚熟地区，内蒙古自治区、黑龙江省的晚熟地区，均可种植，并获得比较理想的产量。　　（李　刚）

四单 19 号

四单 19 号(彩图 10)，系吉林省农业科学院玉米研究所李长华、文贞顺和张文军等，于 1984 年以自选系 444 为母本，外引系 Mo17 作父本，杂交育成的玉米单交种。1992 年、1993 年、1994 年和 1995 年，该品种相继通过黑龙江省、吉林省、内蒙古自治区和国家农作物品种审定委员会审定。自选系 444 是 A619×黄早四为基础材料选育而成。

该品种属中熟、多抗、高淀粉玉米单交种。种子拱土力强，早发性好，易抓苗，苗势壮。在北方春玉米区，从出苗至成熟约 124 天。全生育期内需大于或等于 10℃积温 2 550 度·日。成株 19 片叶。幼苗叶鞘绿色，穗位以上叶片上举，株型收敛。株高约 265 厘米，穗位为 100 厘米。雄穗花药黄色，花粉量中等。雌穗花柱绿色。雌雄协调。生育后期籽粒灌浆速度快。果穗长筒形，长约 22 厘米，穗行数为 14～16 行，行粒数为 38 粒，穗粒数约 575 粒，单穗籽粒重 230 克，穗轴红色。籽粒黄色，马齿形。出籽率 84%，千粒重 400 克以上。茎秆坚韧，根系发达，抗倒伏。活秆成熟。耐旱。抗寒性强。经吉林省农业科学院植保所 1990 年和 1992 年接菌与接虫鉴定，玉米大斑病分别是 1 级和 2 级，丝黑穗病发病株率分别为 7.35%和 5.13%，茎腐病发病株率分别为 25.0%和 3.15%，玉米螟食叶级别分别为 5 级和 7 级。三段(营养生长阶段、营养生长和生殖生长并进阶段、生殖生长阶段)生长特征为“长—短—长”。

该品种丰产性好，一般单产为 600～700 千克/667 平方米。籽粒品质好。经吉林省农业科学院大豆研究所鉴定，其籽粒粗淀粉含量为 74.58％，粗脂肪含量为 4.31％，粗蛋白质含量为 8.64％

该品种在春玉米区，一般在 4 月下旬至 5 月上旬播种。一般每 667 平方米需施农家肥 2 000～3 000 千克，种肥磷酸二铵 10 千克，每 667 平方米追施硝铵 20～25 千克。制种时，父母本行数比为 1∶4 或 2∶6，母本每 667 平方米保苗 4 000 株为宜。

该品种适应能力较强。在吉林省中西部、黑龙江省第一积温带和内蒙古自治区等地，均可种植。在相同类型自然条件的地区，也已种植成功。统计到 1997 年，该品种已累计推广种植 300 万公顷。　　（张瑛民　王振文）

户单 4 号

户单 4 号（彩图 11），系陕西省户县种子公司郭秦龙，于 1987 年用自选系天涯四为母本，803 作父本，组配而成。天涯四是武 109×黄早四的二环系，803 是 8112×5003 的二环系。1992 年，通过了陕西省农作物品种审定委员会审定。1997 年，通过河北省农作物品种审定委员会认定。

户单 4 号为中早熟品种。在户县夏播时，其全生育期约 98 天。从播种至拔节约 30 天，从拔节至抽雄约 25 天，从抽雄至成熟约 43 天。全生育期需大于或等于 10℃的积温 2 000～2 500 度·日。单株总叶数为 19～20 片。幼苗顶土能力强，色深绿，叶鞘紫色，生长势强。紧凑型，抽雄后叶直立上冲。株高约 230 厘米，穗位 90 厘米左右。果穗尖筒形，长 18～20 厘米，粗 5.2～5.4 厘米，穗行数为 12～16 行，行粒数为 38～42 粒。籽粒黄色，有光泽，半马齿形，出籽率为 85％，千粒重 330 克。

抗大斑病和黄斑叶病，轻感青枯病和黑粉病。茎秆坚实，支持根多，抗倒伏。生育前期抗旱，后期抗涝。耐密植。抗虫害能力较强。

该品种在陕西高陵县种植，连续三年平均单产为600千克/667平方米以上，最高单产达829.4千克/667平方米。籽粒角质多，容重高，含蛋白质10.98%，脂肪4.13%，赖氨酸0.291%。

在中等肥力条件下，该品种种植时，每667平方米留苗3 300～3 500株；在高肥水地块，每667平方米可留苗4 000～4 500株。种植时，氮、磷、钾肥应配合施用，并注意防治黑粉病。

该品种适于黄(河)淮(河)海(河)平原夏玉米区推广种植。山西省北部大同一带也可栽培。 (郭秦龙 庞永金)

铁单10号

铁单10号，系辽宁省铁岭市农业科学研究所王奎森等人，于1988年以C8605为母本，丹340为父本，组配而成的玉米杂交种。1994年，该品种通过辽宁省农作物品种审定委员会审定，并予以命名，同时被定为省内具有先进水平的品种。

该品种的生育期约130天。幼苗芽鞘紫色，叶片淡绿色，长势较强。全株有20～21片叶。株型较紧凑，韧性好。株高约280厘米，穗位117厘米。雄穗分枝中等，花药黄色。雌穗花柱浅紫色。果穗短柄抱秆着生。果穗筒形，长约20厘米。穗行数为16～20行，穗轴红色。籽粒黄色，马齿形，百粒重48.2克，出籽率为83%。较抗倒伏，抗旱性强。

1990年，在辽宁省内预备试验中，该品种平均单产为638.7千克/667平方米，比对照丹玉13号增产10.5%。

1991～1992 年，该品种参加省区域试验，平均单产为 673.6 千克/667 平方米，比丹玉 13 号和沈单 7 号平均增产 18.4%。1992～1993 年，该品种参加辽宁省生产试验，平均单产为 649.6 千克/667 平方米，比对照沈单 7 号增产 12%。一般地块单产为 600～800 千克/667 平方米，小面积高产田单产达 900 千克/667 平方米以上。籽粒含蛋白质 5.98%，脂肪 6.62%，淀粉 68.33%。

该品种的适宜播期在 4 月 15～25 日。播种时，应选择中等以上肥力的平、坡地种植。清种时，每 667 平方米保苗 3 000 株左右，间套作时，每 667 平方米保苗 3 300 株左右。制种时，父母本的行数比为 1∶6。一期父本与母本同播。1 周后，播二期父本。母本每 667 平方米保苗 3 500 株，父本每 667 平方米保苗 2 800～3 000 株。母本带 1～2 片叶时去雄。

铁单 10 号适于辽宁、吉林中南部、内蒙古及河北部分地区种植。 （李 刚）

张玉 1 号

张玉 1 号（彩图 12），系张家口市玉米研究所程有志和程朝，于 1988 年在张家口育成。原名矮秆 117。组合为 68×136。1996 年，该品种通过河北省张家口市农作物品种审定小组审定。1994 年，被引入山西省寿阳县国家旱农攻关试验区。1998 年，通过山西省农作物品种审定委员会认定。

张玉 1 号为中早熟单交种。粮饲兼用。是利用矮生基因控制株高的中矮秆品种。春播时，其生育期为 110～115 天；夏播时，其生育期约 90 天。在寿阳春播时，从出苗至成熟需 132～136 天。生育期内需大于或等于 10℃的积温 2 300～2 800度・日。在寿阳统计，其需大于或等于 0℃的积温 2 797

度·日。喜光。单株有18～19片叶。穗位以上叶片上冲，穗位以下叶片平展。株型半紧凑。株高156～232厘米，穗位44～95厘米。雄花序花粉量多。果穗长筒形，长18～22厘米。穗行数为14～18行，行粒数为34～45粒，穗粒数为528～660粒。穗轴红色。籽粒黄色，半硬粒型，千粒重283～440克。茎秆粗壮，支持根发达，抗倒伏。抗干旱。耐盐碱。抗大小斑病及青枯病，轻感粗缩病和矮花叶病毒病。三段生长特征为"长—短—长"。

该品种在一般种植条件下，单产750千克/667平方米，最高可达1 000千克/667平方米。籽粒含粗蛋白质9.70%，粗脂肪4.40%，粗淀粉71.05%，赖氨酸0.36%。

该品种以在地温稳定通过12℃时播种为宜。在苗期易出现低温的地区或下湿地播种，应使用速保利拌种（参照说明书使用），以防黑粉病和丝黑穗病等病害。其种植密度为每667平方米3 700～4 000株。在大喇叭口期应追肥，以增大果穗。夏播区可覆膜栽培。

该品种适应性比较广泛，适宜于在东北、华北和西北等地区种植。　（程有志　吴东兵）

晋单34号

晋单34号（彩图13），系山西省农业科学院小麦研究所玉米课题组，于1991年冬在海南繁育基地组配而成。组合为87-422×Sh15。1994年，该品种参加山西省南部复播区的区域试验。经连续3年试验和示范，它表现出高产、稳产、优质和多抗的品种特性。1996年11月份，经山西省农作物品种审定委员会第三届一次会议审定通过。

晋单34号为中早熟粮饲兼用型品种。它在北方地区，春播的全生育期为110天左右，夏播的全生育期为90～95天。它的全生育期需大于或等于10℃的积温为2 300度·日左右。单株总叶数为18～21片。叶色深绿，叶片略上举，上部叶片窄而稀疏，株型清秀，呈半直立型。株高230～250厘米，穗位80～85厘米。果穗塔形，长18.5～22.0厘米，秃尖1.5～2.0厘米，穗粗4.8～5.1厘米，穗行数为14～16行，行粒数为39～45粒，穗粒数为580～650粒。籽粒橙黄色，半硬粒型，光滑鲜亮，出籽率85%左右，千粒重295～325克。茎秆坚硬，支持根发达，抗倒伏、倒折能力强。耐干旱和寒冷。较耐阴湿和高温。抗大小斑病、矮花叶病毒病、青枯病、丝黑穗病和黑粉病，较抗粗缩病。对蚜虫有较好的抗性。

该品种春播一般单产为650～700千克/667平方米，高产田块单产可达850千克/667平方米；夏播一般单产为500～550千克/667平方米，肥沃地块单产可达650千克/667平方米。经农业部谷物品质检测中心测定，该品种籽粒含粗蛋白质9.46%，粗脂肪4.16%，赖氨酸0.33%，淀粉70.4%。

该品种春播种植密度为每667平方米3 000～3 500株，夏播种植密度为每667平方米3 500～4 000株。其田间管理，以促为主。应早定苗，早中耕，早追肥。

该品种适应范围较广，在我国北方地区，春播和夏播均可。经引种试验，除在水浇地表现较好外，也适于旱地种植。现已大面积推广。　　（王向东　吴东兵）

中原单32号

中原单32号（彩图14），系中国农业科学院原子能利用研究所唐秀芝、任继明和张继强等人，于1991年育成。组合为318×原辐黄。1997年2月份，该品种通过了河北省农作物品种审定委员会的审定。1997 年 11 月份，该品种通过了农业部牧草品种的审定。1998 年 1 月份该品种通过了农业部农作物品种的审定。

该品种属中早熟粮饲兼用类型。在北京地区春播，全生育期约 110 天；夏播，其全生育期为 90 天。从出苗至拔节，约 30 天；从拔节至抽雄约 30 天，从抽雄至成熟约 48 天。活秆成熟。全生育期需大于和等于 0℃的积温为 2 200～2 400 度·日。春播者单株总叶数为 21～22 片。株型半紧凑。叶厚，色深绿，叶片半上举。株高 240～270 厘米，穗位 80～100 厘米。果穗锥形，红轴，长 15～20 厘米，穗行数为 14～16 行，行粒数为37～43 粒，穗粒数为 550～650 粒。单穗粒重为 150～200 克。籽粒橘黄色，硬质，不秃尖。千粒重 280～380 克。出籽率为 87%。茎秆粗壮，根系发达，支持根 4～7 层，抗倒伏。综合抗性好。抗大小斑病、青枯病、矮花叶病、粗缩病、穗粒腐病、丝黑穗病和黑粉病等。能耐旱、涝、阴雨、高温和冷害。三段生长特征为“短—短—长”。

该品种籽粒单产量为 500～800 千克/667 平方米，干秸秆单产量为 800～1 300 千克/667 平方米，鲜秸秆单产量为 2 000～5 000 千克/667 平方米。籽粒含蛋白质 12.765%，脂肪 4.275%，淀粉 68.12%，直链淀粉 47.86%，赖氨酸 0.275%，硒 0.030×10^{-6}。口感好。秸秆含蛋白质 7.8%～10.54%，脂肪 1.49%，纤维素 22.34%～31.92%，总糖 5.30%。如按 667 平方米产 500 千克籽粒、800 千克干秸秆计算，与同样产量的普通玉米相比，每 667 平方米可多产蛋白质 50 千克以上。

该品种适于中上等水肥条件下种植，也可旱地种植。密度可在每 667 平方米 4 500～5 000 株的范围内。

该品种适应性广。适宜于华北、华东等地区麦茬夏播，也可在北方旱区春播。在华南等地，可用以进行春播、夏播和秋播。在部分亚热带地区，可冬播。在旱地引种试验中，该品种也表现良好。　　（唐秀芝　吴东兵）

中夏 2 号

中夏 2 号（彩图 15），1991 年由任蕤在中国农科院作物育种栽培研究所试验地组配而成。组合为 D 黄 212×中黄 17。中黄 17 是 Mo17 的二环系，D 黄 212 是黄早四的二环系。1998 年，该品种通过北京市农作物品种审定委员会审定。

中夏 2 号为中早熟类型。在北京地区，从播种至成熟需要 97～99 天。全株有 19～20 片叶。株高 220～270 厘米，穗位 80～95 厘米。果穗筒形，穗轴粉色，结实性好，籽粒扎深 0.9 厘米。穗长 15～20 厘米，穗行数为 14～16 行，单穗粒重120～210 克。在旱农引种试验中，单穗粒重最高达 290 克。1997 年，在个别试点中平均单穗粒重 225.3 克，表现了单株产量潜力。籽粒黄色，半马齿形，部分有白粒。千粒重 250～320 克，出籽率为 85%。抗倒性一般。抗病性较强。比如：大斑病，对中夏 2 号植株接种 3～4 级，而在田间调查中夏 2 号植株时则为 0～2 级；小斑病，对中夏 2 号植株接种 1～2 级，而田间调查中夏 2 号植株时则为 0.5 级；中抗矮花叶病感染；弯孢菌叶斑病，对中夏 2 号植株接种为 3～4 级，田间调查中夏 2 号植株则为 0.5～1 级。

该品种在一般中等肥力条件下，夏播者单产为 450～500 千克/667 平方米，在高水肥地块，其单产曾达 678 千克/667 平方米。

中夏 2 号的种植密度，以每 667 平方米 3 600～3 800 株为好。苗期应早管理，重施磷、钾肥。

该品种适应性较广。对土壤要求不严，但不宜种在低洼易涝土地上。在北京以南、石家庄以北地区，可作麦茬夏播。在无霜期短及高寒山区，可作一季春播。　（任　蕤　吴东兵）

农大 108

农大 108（彩图 16），系中国农业大学许启凤教授运用黄 C 和 178，于 1991 年在北京组合育成。1997 年，该品种通过北京市和河北省农作物品种审定委员会审定。1995 年，由山西省农业种子总站引入山西。1999 年 4 月份，经山西省农作物品种审定委员会三届四次会议审定。

农大 108 在北京地区春播，生育期约 125 天；夏播，其生育期为 105～110 天。全株有 21～22 片叶。株高 260 厘米左右，穗位 105～110 厘米。茎秆粗壮，叶色浓绿。雄穗发达，分枝 16～18 个，花粉量多。果穗长筒形，长 20～22 厘米，粗 4.9 厘米，穗行数为 16～18 行，行粒数为 40～45 粒，穗粒重200～220 克，穗轴红色。籽粒黄色，半马齿形。根系发达，抗倒伏。高抗大斑病、小斑病、矮花叶病、粗缩病、软腐病和丝黑穗病。对虫害和草害，也有较强的抵抗能力。

1996～1999 年，农大 108 在山西省昔阳县、寿阳县等地的旱塬地种植，年种植面积为 4 万～5.3 万公顷（60 万～80 万亩），平均单产达 516～612 千克/667 平方米。籽粒品质好，含赖氨酸 0.37%，粗脂肪 4.25%。

该品种春播，每 667 平方米留苗 3 300～3 800 株。生育前期应适当控制水肥，以促根控茎。拔节后要随追肥加强中耕培土。大喇叭口期重施攻穗肥，每 667 平方米追施尿素 20 千克，并增施钾肥。制种正配时，以黄 C 为母本，母本一叶一心至二叶时，播第一期父本。待母本二叶一心至三叶时，播第二期父本。制种反配时，以178作母本，父本种量的一半，经催芽后可与母本同期播下。正配时，父母本行数比为1∶4；反配时，父母本行数比为1∶5。

该品种适于在我国东北、华北、西北和西南地区的春播玉米区的水地和旱地种植。　　（宋　斌　曹建民）

陕单13号

陕单13号（彩图17），原名陕玉9107。系陕西省农业科学院粮食作物研究所玉米抗病育种组，于1991年育成。组合为武314×武125。

陕单13号为中早熟类型。春播时，从出苗至成熟，一共需要131～134天。在陕西省关中地区，夏播时其生育期为95～100天。在生育期内，需大于和等于0℃积温2 837度·日左右。全株总叶数为19～21片。幼苗叶片肥厚，色深绿带紫晕，生长势强，拔节后叶片仍为深绿色。株型半紧凑。高171～243厘米，穗位56～108厘米。茎秆粗壮，色深绿。雄花序花粉量多。活秆成熟。果穗筒形，长约19厘米，粗5.5厘米，穗行数为14～20行，行粒数为36～40粒，穗粒数为554～603粒，穗粒重153～199克，最高曾达232克，穗轴白色。籽粒黄色，偏马齿形，千粒重320～335克。一般单产为600千克/667平方米，抗倒伏。耐旱性强，耐涝。抗大斑病、小斑病、矮花叶病毒病、黑粉病和丝黑穗病。三段生长特征为“长—短—长”。

该品种籽粒胚芽鞘短，宜浅播，播深以4厘米左右为宜。种植密度因地制宜。旱肥地更能增产。

该品种适于陕西、山西、山东、河北、河南和安徽等地种植。　（吴东兵）

高油 115

高油 115(彩图 18),系中国农业大学宋同明于 1992 年育成。组合为 GY220×1145。GY220 是以美国亚里山索 C23 高油群体经 10 多代自交而成。1145 是来自美国先锋公司杂交种的二环系。

高油 115 为中晚熟品种。属籽粒、茎秆双高产,粮食与青饲兼用型品种。在北京地区春播,其生育期为 117～120 天。全株有 21～23 片叶。叶色深绿,生长健壮。株型基本属平展型。株高 280～300 厘米,穗位 120～130 厘米。果穗长圆筒形,长 19.3 厘米,粗 4.3 厘米。穗行数为 14～16 行,穗轴红色。籽粒深黄色,半马齿形,出籽率为 83%,千粒重 280～330 克,在山西省表现为 300～335 克。茎秆坚韧,根系发达,抗倒伏。苗期抗低温,生长前期较抗旱,灌浆期耐高温,耐阴雨,耐渍涝,对盐碱也有较强的耐受力。对我国主要玉米病害抗性较高。经中国农科院接种鉴定:大斑病 1 级(R),小斑病 0.5 级(HR),弯孢菌叶斑病 0.5 级(HR)。感染矮花叶病毒病。对圆斑病、粗缩病和青枯病等也有一定抗性。蚜虫、玉米螟和棉铃虫等对其危害也较轻。

高油 115 在每 667 平方米 3 400 株的种植密度下,一般单产籽粒量为 420～450 千克/667 平方米。除籽粒外,由于保绿性强,秸秆及叶片在籽粒成熟时仍为绿色,还有较高的蛋白质和糖分含量,可作优质青饲料,每 667 平方米可额外多收青饲料 1 500～2 500 千克。其综合经济价值比普通玉米高 30%以上。籽粒胚大,含粗脂肪 8.3%(比普通玉米高近 1 倍),粗蛋白质 11.02%,赖氨酸 0.42%,粗淀粉 66.29%。采收后的秸秆含蛋白质 8.5%,比普通玉米秸秆的蛋白质含量高 30%。

种植该品种要适时播种。春播时，要尽量早播，待地下5厘米处的土温稳定在10℃以上时，即可播种。如进行地膜覆盖栽培，可提早10～15天播种。若进行夏播，则提倡铁茬播种，以争取生长季节。其合理种植密度为3 000～3 300株/667平方米。播种前要施足底肥。在生长季节中，要追施适量化肥。正常收获适期在籽粒基部出现黑层时，此时整株仍为绿色。

高油115生态适应性较广。它在全国各地均可种植。既适于东北、华北和西北地区春播，也适于夏玉米区夏播，在华南及西南地区也生长良好。它既可在灌溉条件良好的土地上种植，也可在北方雨养旱地栽培。经旱地农田引种试验，表明欲在高海拔冷凉旱地种植，则必须进行地膜覆盖。否则，其籽粒只能达到蜡熟期。 （柏广山　吴东兵）

沈单10号

沈单10号（彩图19），系沈阳市农业科学院姜惟廉等人，于1992年以自交系沈137为母本，Q1261为父本，组配而成的玉米杂交种。原代号为沈试29号。1998年，经辽宁省农作物品种审定委员会审定命名，定其为具有国内先进水平的品种。

该品种的生育期约135天，属晚熟种。幼苗深绿色，芽鞘紫红色，第一叶椭圆形。株高280厘米，穗位110厘米。果穗长筒形，苞叶上长有小叶，封顶不严，稍有秃尖。穗长23厘米，粗5.1厘米，穗行数为14～16行，行粒数为40粒左右，穗轴红色。籽粒橙黄色，硬粒，半马齿形。抗旱，抗涝，耐高温。高抗大斑病、小斑病、青枯病、尾孢叶斑病和丝黑穗病，耐灰斑病和病毒病。

1995～1996年，在辽宁省区域试验中，沈单10号玉米平均单产为 593.4 千克/667 平方米，比对照增产 19.2%。1996～1997 年，在辽宁省生产试验中，其平均单产为 583.3 千克/667 平方米，比对照增产 23.1%。该品种玉米的籽粒，含蛋白质 9.78%，赖氨酸 0.31%，脂肪 3.33%，淀粉 57.08%。

种植沈单 10 号玉米，应选择肥力中上等或肥水条件好的地块。清种密度为每 667 平方米 3 300 株，在夏玉米区可增加到每 667 平方米 4 000 株。采用间套作可增加双穗率。氮、磷、钾肥需较好配合。追肥以出苗后 30 天和 50 天两次进行为好。

该品种适于辽宁、河北、河南、陕西、宁夏、甘肃、北京和天津等地区种植。　　（杨　镇）

陕高农 1 号

陕高农 1 号（彩图 20），是陕西省高效农业开发研究所以武 314 为母本，478-5 为父本，于 1993 年育成的单交种。

陕高农 1 号为中早熟类型。在陕西关中地区夏播，生育期为 95～100 天。如进行旱地春播，从出苗至成熟约 135 天。在生育期内，需大于和等于 0℃积温 2 767～2 847 度·日。单棵植株总叶数为 19 片左右。出苗整齐，叶片厚，色深绿，生长势强，株型紧凑。株高 245 厘米，穗位 110 厘米。旱地春播时变矮。雄花序花粉量多。果穗长筒形，长 18～22 厘米，粗 5～5.2 厘米，穗行数为 16～18 行，穗粒数为 510～642 粒，穗粒重 118～239 克，穗轴白色。籽粒黄色，半马齿形，出籽率为 85.4%，千粒重 233～380 克。活秆成熟。茎秆粗壮，根系发达，抗倒伏。耐旱。抗大斑病、小斑病、青枯病和红叶病，不抗矮花叶病和丝黑穗病。三段生长特征为“长—短—长”。

该品种的种植密度以每 667 平方米 3 500～4 000 株为宜。一般单产量为 600～700 千克/667平方米。单产 600 千克/667平方米以上的施肥指标，为每667平方米施尿素25千克，过磷酸钙25千克。方法是秋耕深施。播种时，用速保利拌种（参照使用说明），以预防丝黑穗病和黑粉病。

该品种在种植户单1号、户单2号、掖单12号、西玉3号和陕单9号的地区，均可大面积种植。适于在北方旱地春播，在陕西省和华北地区夏播。　　（吴东兵）

中单 9409

中单9409（彩图21），系中国农业科学院作物育种栽培研究所石德权等育成的优质蛋白玉米杂交种。1996年，通过河北省农作物品种审定委员会的审定。

该品种属于中晚熟大穗品种。在北京地区种植，其生育期为120天左右。株高约260厘米，穗位90厘米。果穗长约25厘米，粗5.3厘米，穗行数为16～18行，籽粒黄色，半硬质胚乳，硬质度为3.0级。千粒重339克。活秆成熟。抗倒伏。高抗玉米大斑病、小斑病、青枯病和穗粒腐病。

该品种丰产性好。自1993年以来，通过在全国各地多年多点试验、示范与逐步推广，它的单产为500～750千克/667平方米，最高单产曾达1 073.87千克/667平方米（1994年在河北省万全县）。其全籽粒赖氨酸含量在0.42%左右。适口性好。内含的游离态氨基酸比普通玉米高1～3倍。它的籽粒除对人体健康十分有益外，也是高效能的畜禽饲料。用它进行养猪试验，证明优质蛋白玉米饲料的养猪日增重，比普通玉米饲料（饲料配方中仅玉米的量不同）高30%～50%。用它养鸡，可提高产蛋量15%以上。

种植中单9409号玉米，一般每667平方米留苗3 500～3 800株。可采用宽窄行方式种植。施肥要注意氮、磷、钾肥的合理配比，根据土壤情况增施钾肥和微肥。

该品种适应性广。在吉林、河北、山西、内蒙古、宁夏、甘肃和新疆等地可春播，在山东、河南、安徽、江苏和陕西等地可夏播或套种，在四川、云南和贵州等地可春播或套种，在广西等华南地区可春播或秋播。经多年引种试验证明，在北方高寒旱地春播，必须进行地膜覆盖。　　（杜荣才）

农大 3138

农大 3138（彩图 22），系中国农业大学以综 31 作母本，P138 为父本，杂交组配而成。1996 年，经山西省农作物品种审定委员会审定，定名为农大 3138。

农大 3138 玉米的生育期为 120 天左右。全株 21 片叶。株高 240～250 厘米，穗位约 105 厘米。雄穗发达，有分枝 14～16 个，花粉量大。雌穗花柱粉色。果穗圆筒形，长 20～24 厘米，粗 4.1～5.2 厘米，穗行数为 14～16 行，行粒数为 45～50 粒，穗粒重 180～220 克，穗轴红色，轴粗 2.2～2.5 厘米。籽粒黄色，半马齿形。茎秆坚韧，支持根发达，抗倒伏性强。抗大斑病、小斑病、矮花叶病、青枯病、纹枯病和丝黑穗病。抗旱，抗涝，耐高温。水肥不足时偶有秃尖现象出现。

1992～1994 年，在北京市进行区试，每年平均单产为 603.2 千克/667 平方米，比对照沈单 7 号增产 12.8%。1994～1995 年，在华北地区进行区试，每年平均单产为 586.6 千克/667 平方米，比对照丹玉 13 号增产 39.7%，居首位。在两年 26 点次试种中，增产点 100%，其中在山西省的长治、太原和忻州三个试点，两年平均分别比对照增产 15.2%，39.8%和 30.3%。籽粒品质好，含粗蛋白质 9.5%，赖氨酸 0.32%，粗脂肪 4.46%，粗淀粉 71.2%。

种植中，该品种玉米一般每667平方米留苗3 000～3 500株，高产栽培可增至4 000株。应增施底肥，注意追肥。适时培土，防止倒伏。制种时，父本催芽后与母本同播，父母本行数比为1∶3。

该品种适于在我国东北、华北、西北和西南地区的春玉米区水、旱地种植。（王秋生　张金爱）

太单30号

太单30号（彩图23），系山西省农业科学院作物遗传研究所，以太411作母本，海9-21为父本，杂交组配而成。1996年12月份，经山西省农作物品种审定委员会认定。

太单30号玉米在山西省春播，生育期为127天左右。株高约250厘米，穗位100厘米左右，株型紧凑。雄穗分枝5～8个，花药饱满，花粉黄色，量大，散粉期为3～4天。雌穗丝状花柱绿色。果穗筒形，长约24厘米，穗粗约5厘米，穗行数为18行，行粒数为40粒左右，穗轴红色。籽粒黄色，马齿形，粒大，千粒重380～400克。根系发达，抗倒伏性好。青秆成熟。抗旱性和丰产性好。

1994年，该品种在比较试验中，单产为725.5千克/667平方米，比农大60增产17.2%。1995年，它在多点试验中，平均单产为710.3千克/667平方米。1996年，它参加山西省玉米中晚熟区试，在13个种植点中，它的平均单产为643.4千克/667平方米，比对照农大60、掖单13号均增产，平均增产15.3%。该品种籽粒品质好。经农业部谷物品质检测中心分析测定，其籽粒含粗蛋白质9.41%，粗脂肪4.94%，粗淀粉68.72%，赖氨酸0.34%。

在种植中，该品种一般每667平方米留苗3 500～4 000

株。每667平方米施氮肥30千克，磷肥15千克，钾肥20千克，以及少量锌、锰微肥。其中除1/2氮肥作追肥外，其余全部作基肥深施。制种时，父母本同期播种，其行数比为1∶4，每667平方米留苗4 500～5 000株。该品种适合于山西省玉米中晚熟区春播种植。　　（王秋生　张金爱）

鲁单50

鲁单50（彩图24），系山东省农业科学院玉米研究所育成的中熟单交种。其组合为鲁原92×齐319或齐319×鲁原92。1998年，通过山东省农作物品种审定委员会的审定。

鲁单50玉米夏播，其生育期约为106天，从播种至拔节需35天，从拔节至抽雄需26天，从抽雄至成熟需45天。在全生育期，需大于和等于10℃积温2 400度·日。全株20片叶，穗以上平均有叶6.2片，叶片较为上冲，株型紧凑。幼苗叶鞘紫色，生长势强，叶色深绿。株高250厘米左右，穗位高约95厘米，茎粗2.2厘米。雄穗分枝平均9.7个。果穗长柱形，大而均匀，长20厘米左右，粗约5厘米，穗轴粗2.2厘米，穗行数为16行，行粒数为36粒，穗粒数为548粒，穗粒重173克，千粒重316克。籽粒纯黄色，马齿形。茎秆坚韧，富有弹性，根系发达，高抗倒伏。抗旱，耐高温。耐湿，耐低温阴冷。耐盐碱能力强。较抗玉米青枯病，高抗玉米大斑病、小斑病、圆斑病、丝黑穗病、黑粉病、茎腐病、干腐病、矮花叶病和粗缩病。抗虫害和草害能力强。三段生长特征为"短—短—长"。

该品种一般平均单产为500千克/667平方米以上，高产者可达700千克/667平方米，最高单产曾超过900千克/667平方米。

鲁单50玉米的一般大田种植密度，以每667平方米

4 000株为宜;大面积高产栽培密度,为每 667 平方米 4 500 株;小面积高产田,每 667 平方米也可种植 4 800～5 000 株。

该品种适应性广。不仅适用于黄淮海平原夏播玉米区,也适用于北方地区春播,西南山地、南方丘陵及西北地区也皆可种植。该品种对土壤和水肥条件要求不严格。 (贾世峰)

辽单 24 号

辽单 24 号(彩图 25),系辽宁省农业科学院玉米研究所徐乐澜等人,以自选自交系辽 2345 为母本,丹 340 为父本,组配而成的玉米杂交种。1998 年,经辽宁省农作物品种审定委员会审定命名,定它为具有国内先进水平的品种,并被农业部推荐为全国玉米十大推广品种之一。1999 年,又通过全国农作物品种审定委员会的审定。

辽单 24 号为晚熟种。其生育期为 130 天左右。幼苗芽鞘紫色,叶片淡绿色。株高约 288 厘米,穗位 161 厘米。果穗筒形,长 19.6 厘米,粗 5.6 厘米,穗行数为 18 行。籽粒黄色,马齿形,百粒重约 40 克,出籽率为 86.2%。活秆成熟。抗倒伏和干旱。高抗大斑病和小斑病,抗青枯病。

1995 年,该品种参加辽宁省玉米预备试验 B 组种植,平均单产为 614.4 千克/667 平方米,比对照沈单 7 号增产 21.7%。1996～1997 年,参加辽宁省内区域试验,平均单产为 520.6 千克/667 平方米,比沈单 7 号增产 10.4%。1997 年,参加辽宁省内生产试验,平均单产为 458.1 千克/667 平方米,比沈单 7 号增产 12.0%。1996～1997 年,参加东北和华北春玉米区域试验,平均单产为 567.9 千克/667 平方米,比对照增产 4.9%。该品种籽粒含蛋白质 9.49%,赖氨酸 0.34%,脂肪 6.11%,总淀粉 71.22%。

辽单 24 号玉米，适于中上等肥力地块种植。每 667 平方米施农家肥 2 000～3 000 千克作底肥，复合肥 12.5 千克作种肥，大喇叭口期追施尿素 25 千克。其清种密度为每 667 平方米 3 000～3 300 株。大垄双行、米麦间作或比空种植，种植密度可增加到每 667 平方米 3 500 株。

该品种适于辽宁、吉林南部、内蒙古东南部和北京等地种植。（杨　镇）

辽单 27 号

辽单 27 号（彩图 26），系辽宁省农业科学院玉米研究所徐乐澜、李明德、高长健、张烈、王建国和李刚等人，以自选系辽 2309 为母本，丹 340 为父本，组配而成。1999 年，经辽宁省农作物品种审定委员会审定命名，并定其为具有国内先进水平的玉米品种。

辽单 27 号玉米的生育期为 130 天左右，属晚熟品种。幼苗叶鞘紫色，叶片深绿色。株高约 274 厘米，穗位约 108 厘米。果穗筒形，长 19.6 厘米，粗 6.0 厘米，穗行数为 18 行。籽粒黄色，半马齿形，百粒重 41.5 克，出籽率为 86.2%。抗倒伏，抗旱。活秆成熟。高抗大、小斑病，抗青枯病。

1996 年和 1997 年，参加辽宁省玉米种植区试，平均单产为 520.3 千克/667 平方米，比沈单 7 号平均增产 15.0%。1997 年和 1998 年，在辽宁省生产试验中，平均单产为 555.5 千克/667 平方米，比对照平均增产 11.8%，居第二位。1996～1998 年，在辽宁省内外进行示范种植，平均单产为 627.8 千克/667 平方米，比沈单 7 号平均增产 15.2%，比掖单 13 号增产 10.3%，比铁单 10 号增产 12.0%。籽粒含粗蛋白质 11.76%，赖氨酸 0.26%，脂肪 4.60%，总淀粉 70.0%。

该杂交种适于平肥地种植，肥水充足时增产潜力大。不适于涝洼地、盐碱地和瘠薄地区种植。清种时每667平方米保苗3 000～3 300株，以大垄双行方式种植；为进行米麦间作或比空种植，可将其种植密度适当增加到每667平方米3 500株。制种时，先播母本，待母本种子1/3拱土后再播父本，其行数比为4∶1或5∶1。

辽单27号玉米，适于辽宁省中部、北部、东部和南部地区，吉林省，内蒙古自治区南部，宁夏回族自治区，甘肃和江西等省种植。　　　（杨　镇）

辽单29号

辽单29号（彩图27），系辽宁省农业科学院玉米研究所姜明月、李明德、王金君、张丽颖、赵延明、王建国和陈玉库等人，于1991年以自选系辽5114为母本，外引系丹340为父本，杂交育成。2000年，通过辽宁省农作物品种审定委员会审定并被命名，确定它为具有国内领先水平的玉米品种。

在沈阳地区，该品种从出苗至成熟约130天，需有效积温2 900度·日。全株20片叶。株高约284厘米，穗位约123厘米。果穗长筒形，长20.2厘米，粗6.0厘米，穗行数为18～20行，穗轴白色。籽粒黄色，马齿形，百粒重约38克，出籽率为86.2%。它秆强抗倒，耐高温干旱，适应低温寡照等多种不良气候条件。活秆成熟。高抗玉米大、小斑病及丝黑穗病，抗青枯病。

该品种具有高产稳产特性。其一般单产为600千克/667平方米，在高产地块单产可达800千克/667平方米，与各地对照品种相比，具有较大的增产优势。籽粒含粗蛋白质9.45%，赖氨酸0.30%，粗脂肪5.34%，总淀粉70.82%，可溶性总糖4.60%。容重为735克/升。

该品种喜肥水，需在平肥地及中等肥力以上地块种植。种植中要注意防治玉米螟。其清种密度以每667平方米2 800～3 000株为宜，并以大垄双行方式种植。如进行米麦间作或比空种植，其密度可增至每667平方米3 200株。

该品种适于辽宁省的大部分地区及吉林省的中南部地区种植。　　(李　刚)

蠡玉2号

蠡玉2号(彩图28)，是河北省蠡县玉米研究所，于1994年以自选系518为母本，自改良系8370为父本，杂交组配而成的玉米单交种。主要育成人员有赵劲霖、赵毅、王业国、贺东岗和贺东风。1999年，通过河北省农作物品种审定委员会审定。

该品种春播，生育期(从出苗至成熟)约126天，比掖单13号晚2天。需有效积温2 800度·日。全株有19～21片叶。株型半紧凑，穗位以上叶片半冲，穗位以下叶片平展。幼苗叶鞘紫红色，叶片浅绿色，幼苗长势较强，整齐健壮。株高约295厘米，穗位约135厘米。果穗长筒形，长约24厘米，粗约5.8厘米，穗行数为14～18行，行粒数为38～40粒，穗粒重218克左右，穗轴白色。籽粒黄色，半马齿形，千粒重350～380克，出籽率为87%。茎秆坚韧，根系发达，较抗倒伏。高抗大、小斑病，较抗丝黑穗病和粗缩病，中抗纹枯病。其接种鉴定结果是：大斑病0～0.5级，小斑病0～0.5级，丝黑穗病0～15.4%。耐高温，抗旱性强。持绿性强，不早衰，活秆成熟。

1997年，该品种在东北、华北8省、市区域试验中，平均单产为570千克/667平方米，比对照掖单13号增产8.4%，居10个参试品种的第四位。1998年，在河北省区域试验种植中，平均单产为604.8千克/667平方米，比对照掖单13号平均增产6.7%。在国家组织的东北、华北玉米品种生产试验中，该品种在辽宁和河北种植，比对照掖单13号增产4.9%和12.8%。该品种粒大饱满，脱水快，商品性和适口性好。籽粒含粗蛋白质9.9%，脂肪4.4%，赖氨酸0.27%，淀粉70.5%。

种植该品种玉米时，应适当稀植，每667平方米留苗2 500～2 800株。播前要施足底肥。田间管理应前控后促。追肥要掌握前轻、中重和后补的原则。要及时防治病虫害。

该品种适宜在黄淮海平原和河北省种植。在辽宁、内蒙古种植，适应性也表现较好。 （赵劲霖）

蠡玉5号

蠡玉5号（彩图29），是河北省蠡县玉米研究所，于1994年用自选系518为母本，自改良系416作父本，杂交育成的玉米单交种。主要育成人员有赵劲霖、王业国、贺东岗、贺东风和赵毅。

该品种春播，生育期约126天；夏播，生育期约100天。属中晚熟品种。穗上部叶片上举，穗下部叶片较平展，株型半紧凑，植株健壮。株高270厘米左右，穗位约110厘米。果穗筒形，长约23厘米，穗粒行数为16～18行，行粒数约46粒，穗轴白色。籽粒橘红黄色，半硬粒型，千粒重约380克，出籽率为86%。茎秆坚韧，根系发达，抗倒性较好。较耐旱。抗大斑病、小斑病、青枯病、纹枯病、矮花叶病、粗缩病和锈病，轻感黑粉病。活秆成熟。

2000年，该品种参加重庆市玉米平丘组区域试验，平均单产为 410.12 千克/667 平方米，比对照成单 14 号增产 5.8%。参加重庆市的玉米生产试验，平均单产为 475.5 千克/667平方米，比对照成单 14 号增产 14.6%。同年，在广西壮族自治区的区域试验中，它的平均单产为 459 千克/667 平方米，比对照花单 1 号平均单产增加 63.6 千克/667 平方米，增产幅度为 16.1%，位居第一。在云南省玉溪地区种子站的引种试验中，它的单产为 709.1 千克/667 平方米，比掖单 13 号增产 31.9%。籽粒品质优良，商品性好。

该品种在种植时，应适当稀植。如进行间作套种和单作，每 667 平方米留苗 2 800～3 000 株，在等行距种植中，行距约 0.7 米，株距 0.3～0.4 米；在宽窄行种植中，宽行距 0.8 米，窄行距 0.5 米，株距 0.3～0.4 米。在发现它的苗期有分蘖时，应及时拔除。田间管理要前控后促。播前要施足底肥，追肥应掌握前轻、中重和后补的原则。要及时防治病虫害。

该品种是稀植大穗型粮饲兼用品种。适应性广，适宜在我国东北、华北、西北和西南地区，以及东南亚国家的玉米产区种植。　　（赵劲霖）

第三节　高粱优良品种

辽宁、吉林、黑龙江和山西等省的农业科研单位先后育成了一系列适合我国北方地区旱地种植的高粱优良品种。辽杂 7 号等 20 个品种，是其中具有代表性的高粱杂交种。本书按照育成并结合审定时间的先后，对这 20 个高粱优良品种，逐一予以介绍。

辽杂7号

辽杂7号(彩图30),是辽宁省农业科学院高粱研究所刘河山等人,于1989年用外引不育系421A(原编号SPL132A)作母本,自选恢复系LR9198作父本,组配成功的高粱杂交种。1996年,经辽宁省农作物品种审定委员会审定,并予以推广。

该高粱品种的生育期约为130天,属中晚熟类型。芽鞘和幼苗为绿色,叶脉外表有蜡质。株高约200厘米。中紧穗,纺锤形,穗长约30厘米,单穗粒重约95克。颖壳浅黄色,粒白色,千粒重约32克。较抗倒伏,抗叶病,高抗丝黑穗病。高度耐蚜虫危害。耐高温能力强。

1991年,该品种在产量比较试验中,平均每公顷产量为11 049千克,比对照辽杂1号增产46.2%。1992年,在辽宁省区域预备试验中,平均单产量为572千克/667平方米,比对照增产40.7%。在1993年和1994年的全省区域试验种植中,平均单产为540.4千克/667平方米,比对照增产24.8%;在1994年和1995年的全省生产试验中,平均单产量为549千克/667平方米,比对照增产15.6%。1993年和1995年,在辽宁省葫芦岛、锦州地区0.8万公顷的大面积示范种植中,平均单产为600千克/667平方米左右。该品种的籽粒含蛋白质9.92%,其中赖氨酸含量占蛋白质含量的2.66%,含单宁量为0.09%,出米率为80%。

该品种在辽宁省的适播期为4月25日至5月25日,最佳播期在5月1日前后。其适宜种植密度为0.6万～0.68万株/667平方米,最佳密度为6 500株/667平方米。播种时应多施底肥,每667平方米施肥量为农家肥3 000千克,磷酸二铵 15 千克，钾肥 5 千克。在拔节期，要追施一次尿素，施肥用量为 25～30 千克/667 平方米。在种植中要注意防治玉米螟虫的危害。

该品种适于辽宁省锦州、葫芦岛、鞍山、沈阳和铁岭等地区及阜新南部地区种植。 （卢庆善）

熊杂 4 号

熊杂 4 号（彩图 31），是辽宁省熊岳农业高等专科学校胡广群等人，于 1989 年以铁岭市农业科学院选育的不育系 214A 为母本，自选恢复系 4930 为父本，杂交组配成功的高粱杂交种。1997 年，该品种经辽宁省农作物品种审定委员会审定后予以推广。

该高粱品种的生育期约 129 天，属中晚熟类型。其芽鞘和幼苗为绿色，叶脉白色。株高约 236 厘米。中紧穗，长纺锤形，穗长约 29 厘米。颖壳黑色，籽粒白色，单穗粒重 102.4 克。幼苗拱土能力强。根系发达，耐旱力强。

该品种在 1990 年的产量比较试验中，小区折合单产为 542.8 千克/667 平方米，比对照辽杂 1 号增产 23.9%。1991 年，在辽宁省区域试验的预试种植中，平均单产为 586.8 千克/667平方米，比对照增产 14.7%。在 1993 年和 1994 年的全省区域试验中，平均单产为 529 千克/667 平方米，比对照增产 22.3%。在 1995 年和 1996 年的全省生产试验中，平均单产为 560.6 千克/667 平方米，比对照锦杂 93 增产 9.3%。在北京市和辽宁省盖州等地的大面积示范种植中，它表现高产，一般单产可达 650 千克/667 平方米左右，最高单产量达 870 千克/667 平方米。该品种籽粒的蛋白质含量为 9.01%，其中赖氨酸含量占蛋白质含量的 2.89%，单宁含量为

0.07%，是粮秆兼用型高粱杂交种。

熊杂4号的适宜播期为4月25日至5月5日，最佳播期为5月1日前后。该杂交种喜肥，应施足底肥。底肥施用量为每667平方米施农家肥2 000～3 000千克。播种时，每667平方米施复合肥10～15千克作口肥。拔节后，每667平方米要追施尿素25～30千克。还要加强后期田间管理，并适时收获。

该品种适于在辽宁省锦州、葫芦岛、沈阳、辽阳、鞍山、营口及阜新、铁岭南部地区种植。　　　（胡广群）

辽杂10号

辽杂10号（彩图32），系辽宁省农业科学院高粱研究所石玉学等人，于1990年用自选不育系7050A作母本，自选恢复系LR9198为父本，组配的高粱杂交种。1997年，该品种经辽宁省农作物品种审定委员会审定后，予以推广。

辽杂10号的生育期为130天左右，属中晚熟品种。其芽鞘和幼苗为绿色，叶脉为浅黄色，外有蜡质。株高190～200厘米。穗中紧，纺锤形。穗长30～35厘米，单穗粒重约115克。颖壳红色，粒白色，千粒重约30克。抗倒伏。高抗丝黑穗病。高度耐蚜虫危害。

1993年，该品种在辽宁省区域试验的预试种植中，平均单产为641千克/667平方米，比对照辽杂4号增产10.8%。在1994年和1995年的全省区域试验中，平均单产为550.3千克/667平方米，比对照增产10.4%。在1995年和1996年的全省生产试验中，平均单产为604.2千克/667平方米，比对照增产9.4%。在1994年和1996年的0.73万公顷的大面积示范种植中，平均单产为600千克/667平方米，最高者达900千克/667平方米。辽杂10号的籽粒含粗蛋白质9.33%，其中赖氨酸含量占蛋白质含量的2.08%，含单宁0.08%，出米率80%～85%。

该品种的适宜播期为4月25日至5月5日。它要求这时地下10厘米处土层的温度稳定通过12℃，土壤含水量为15%～20%。它的适宜种植密度为6 500～7 000株/667平方米。缺苗时每株可留1～2个分蘖，以保证成穗数。该杂交种喜肥水。播前要施足底肥，其施量为优质农家肥2 500～3 000千克/667平方米。播种时，要施口肥，施量为磷酸二铵112.5～150千克/667平方米，硫酸钾75千克/667平方米。在拔节期，每667平方米追施尿素25～30千克。蜡熟期为收获适期。

该品种适于辽宁省的锦州、葫芦岛、营口、盘锦、鞍山、辽阳、沈阳地区和朝阳、阜新南部平肥地，以及河北、山西、甘肃、陕西、新疆等省、自治区种植。　　(卢庆善)

四杂25号

四杂25号(彩图33)，系吉林省四平市农业科学院马忠良、张淑君和姚忠贤等人，以外引不育系TAM428A为母本，自选恢复系南133为父本，于1991年杂交育成的高粱杂交种。1997年通过审定。

四杂25号高粱，从出苗至成熟需124天左右，需大于和等于10℃的积温2 500～2 600度·日。幼苗绿色。全株有17片叶。株高160～175厘米。穗颈直立，粗纺锤形穗，紧散适中。穗长27.0～28.3厘米，穗粒数为3 100～3 500粒，穗粒重93～100克。颖壳红色，较硬，着壳率为12.3%。籽粒椭圆形，浅红色，千粒重28～31克。抗干旱，抗倒伏，抗蚜虫危害，抗黑穗病，叶斑病轻。

在1994～1996年的吉林全省联合区域试验中，平均单产为510.7千克/667平方米，比对照吉杂70增产15.4%。在两年生产试验中，平均单产为517.8千克/667平方米，比对照吉杂70增产15.3%。该品种籽粒含淀粉74.61%，蛋白质8.87%，单宁0.57%。

该品种的适宜播期是5月1～10日。每公顷留苗10万株。以复合肥作种肥，拔节时追施氮肥，覆土厚度为3～4厘米。适于吉林省中西部地区种植。（马忠良）

铁杂11号

铁杂11号，系辽宁省铁岭市农业科学院、大石桥市农业技术推广中心杨旭东和崔宝华等人，于1991年用自选不育系214A作母本，营654恢复系为父本，组配成功的高粱杂交种。1998年，经辽宁省农作物品种审定委员会审定后予以推广。

铁杂11号的生育期约127天，属中晚熟类型。其芽鞘和幼苗为绿色。株高180厘米上下。中紧穗，长纺锤形。穗长30.5厘米，穗粒重约85克。颖壳黑色，籽粒白色，千粒重30克，角质率为70%，籽粒整齐。高抗倒伏。抗叶病，尤其高抗矮花叶病毒病，同时高抗丝黑穗病，人工接种鉴定发病株率为10.5%。

1992年，该品种在铁岭产量比较试验中，小区折合单产为688.9千克/667平方米，比对照辽杂1号增产31.0%。1993年，在辽宁全省区域试验的预试种植中，平均单产为648.6千克/667平方米，比对照增产34.6%。1994年和1995年，在全省区域试验中，平均单产为511.8千克/667平方米，比对照增产17.2%。在1996年和1997年全省生产试验中，平均产量为492.8千克/667平方米，比对照增产4.8%。后来几年在辽宁省葫芦岛市、大石桥市、盖州市等地1.3余万公顷的示范推广中，表现增产，一般比桥杂2号增产17.0%～20.0%。籽粒品质优异，蛋白质含量为9.62%，其中赖氨酸含量占蛋白质含量的4.26%，单宁含量为0.02%，淀粉含量为68.71%。

该高粱品种喜肥水。其适宜播期为4月25日至5月5日。每667平方米应保苗6500株。播种前，每667平方米应施农家肥3000～4000千克作底肥。播种时，每667平方米应施磷酸二铵20千克，硫酸钾10千克作口肥。9～10叶期，每667平方米应追施尿素25千克。

该品种适于辽宁省辽阳、鞍山、营口、锦州、葫芦岛及阜新南部等地区种植。　　（李　涛）

熊杂5号

熊杂5号（彩图34），系辽宁农业职业技术学院胡广群、王文华和孙克威等人，用239A作母本，自选恢复系4930（321系）作父本，所组配成功的高粱杂交种。于1993年在辽宁省熊岳城育成。1999年，该品种通过辽宁省农作物品种审定委员会审定后予以推广。

熊杂5号的生育期约129天，属中晚熟类型。幼苗绿色，生长势强。株高约235厘米，茎粗2.0厘米。红壳白粒，千粒重34.5克。根系发达，茎秆韧性好，抗倒性极强。抗旱，耐涝，耐低温。高抗高粱丝黑穗病3号小种和红条病毒病。

在1995年和1996年辽宁全省的区域试验中，平均单产为511.9千克/667平方米，比对照锦杂93增产5.9%。1997年和1998年的全省生产试验中，平均单产为512.3千克/667平方米，比对照锦杂93增产13.4%。1994年以后在生产试种中，表现增产，一般单产为500千克/667平方米左右，最高的达794千克/667平方米。籽粒含蛋白质8.64%，赖氨酸0.301%，单宁0.18%，淀粉67.02%，出米率为85%，粒大米白，粮秆兼用。

该品种在辽宁省的适宜播期为5月1～5日，种植密度为6 000～6 500株/667平方米。种植前，每667平方米施农家肥2 000～3 000千克作基肥。种植时，每667平方米需施复合肥10～15千克作种肥。在苗期，要及时定苗，并加强田间管理。

该品种适于辽宁省铁岭、沈阳、阜新、锦州、葫芦岛和营口地区，以及河北省唐山、承德等地区种植。（胡广群）

四杂29号

四杂29号（彩图35），系吉林省四平市农业科学院马忠良、周紫阳和张淑君等人，以外引系哲15A为母本，自选恢复系南108为父本，于1993年育成的高粱杂交种。1999年通过审定。

该品种从出苗至成熟需125天左右，需大于和等于10℃积温2 500～2 650度·日。全株有18片叶。幼苗绿色。株高169～175厘米。穗颈直立，长纺锤形穗，穗型中紧，穗长30～33厘米，穗粒数为3 000粒左右，穗粒重90～100克。颖壳浅黑色，软壳，籽粒椭圆形，红色。

在1996～1998年的吉林全省联合区域试验中，该品种平均单产为485.6千克/667平方米，比对照吉杂70增产11.09%。在两年的生产试验中，平均单产为483.2千克/667平方米，比吉杂70增产8.7%。它的籽粒含淀粉72.4%，蛋白质11.5%，单宁0.44%。

该品种适于5月1～5日播种，每667平方米留苗6 670

株。以复合肥作种肥，拔节时追施氮肥，覆土厚度为4厘米。适于吉林省中、西部地区种植。　　　（马忠良）

沈杂7号

沈杂7号（彩图36），系沈阳市农业科学院徐忠成等人，于1993年用外引不育系承16A为母本，自选恢复系0-01为父本，所组配成功的高粱杂交种。2000年，经辽宁省农作物品种审定委员会审定后予以推广。

该品种的生育期约115天，属中早熟类型。其芽鞘和幼苗绿色。全株有19～20片叶。株高约170厘米。紧穗，长纺锤形，穗长约30厘米，穗粒数为3600粒左右。平均单穗粒重84克。颖壳和籽粒均为红色，籽粒整齐，不早衰。抗倒伏，耐旱，耐盐碱。高抗丝黑穗病。不遭鸟害。

1995年，该品种在沈阳的产量比较试验中，其小区折合单产为510千克/667平方米，比对照辽杂1号增产23.6%。1996年，它在全省区域试验预试种植中，平均单产量为575.3千克/667平方米，比对照增产15.0%。1997年和1998年，在全省区域试验中，平均单产为475.9千克/667平方米，比对照增产8.8%。1998年和1999年，在全省生产试验中，平均单产为499.3千克/667平方米，比对照增产3.8%。在大面积生产示范中，表现增产，一般单产为550千克/667平方米左右。籽粒含粗蛋白质7.96%，其中赖氨酸含量占蛋白质含量的2.89%，含单宁1.42%，含淀粉73.14%，是酿酒专用型杂交种。

该品种的适宜播期为5月5～10日。适宜种植密度为7000株/667平方米。播种前，每667平方米需施2000千克农家肥和15千克硫酸钾作底肥。播种时，每667平方米需施

10千克磷酸二铵作口肥。在拔节期，需追施一次尿素，用量为每667平方米25～30千克。当穗中上部籽粒完熟时，即可收获。

该品种适于辽宁省无霜期较短的阜新、铁岭、沈阳北部和朝阳等地区种植。 （徐忠成）

锦杂99

锦杂99（彩图37），系辽宁省锦州农业科学院冯文平等人，于1993年以外引不育系421A为母本，自选恢复系9544为父本，组配成功的高粱杂交种。2000年，经辽宁省农作物品种审定委员会审定后予以推广。

锦杂99的生育期约129天，属中晚熟类型。其芽鞘和幼苗为绿色，叶脉外表有蜡质。株高约190厘米。紧穗，纺锤形，单穗粒重88.3克。颖壳褐色，籽粒橙黄色，千粒重32.1克。耐干旱。活秆成熟。高抗丝黑穗病，用0.6％菌土接种，两年平均发病率为4.5％。同时，还高抗叶部病害。

1994年和1995年，该品种在锦州产量比较试验中，小区折合单产分别为537.3千克/667平方米和551.5千克/667平方米，比对照锦杂93分别增产14.5％和15.7％。1996年，在辽宁省区域试验预试种植中，平均单产为637千克/667平方米，比对照增产16.5％。1997年和1998年，在全省区域试验中，平均单产为495.7千克/667平方米，比对照增产13.2％。1998年和1999年，在全省生产试验中，平均单产为536.6千克/667平方米，比对照增产11.6％。1996～1999年，在锦州、葫芦岛等地约0.13万公顷的示范种植中，其一般单产为550千克/667平方米左右。该品种的籽粒含粗蛋白质8.69％，单宁0.103％，其赖氨酸含量占蛋白质含量的

2.88%。其出米率为77%,米白色,适口性好。

该品种的适宜播期为4月25日至5月5日。适宜种植密度为7000株/667平方米。它的增产潜力大,需肥量也大。播种前,每667平方米需施2000～3000千克农家肥作底肥。播种时,每667平方米需施15千克复合肥作种肥。在拔节期,每667平方米需追施尿素20～25千克。

该品种适于辽宁省的锦州、葫芦岛、朝阳、铁岭和营口地区及阜新南部种植。　　(田长泰　冯文平)

四杂30号

四杂30号,系吉林省四平市农业科学院马忠良、周紫阳和张淑君等人,以外引不育系314A作母本,自选恢复系94609为父本,于1994年育成,2000年4月份通过审定。

四杂30号,从出苗至成熟需120天左右,需大于和等于10℃积温2450～2550度·日。全株有19片叶。幼苗绿色。株高140～155厘米。穗颈直立。纺锤形穗,穗型中紧,穗长27～31厘米,穗粒重80～90克。颖壳浅黑色,籽粒红色,椭圆形,千粒重28～30克。高抗叶斑病,抗黑穗病。

1997～1999年,该品种在吉林全省联合区域试验中,平均单产为533.2千克/667平方米,比对照敖杂1号增产17.48%。在生产试验中,它平均单产为583.6千克/667平方米,比敖杂1号增产14.72%。它的籽粒含淀粉75.1%,蛋白质9.89%,单宁0.45%。

该品种适宜于5月1～5日播种。播种时,每667平方米需施三元复合肥14千克。拔节时,要追施氮肥。覆土厚度4厘米。每667平方米留苗6670株左右。适于吉林省西北部能种敖杂1号的地区及同类型区种植。　　(马忠良)

四杂 31 号

四杂 31 号，系吉林省四平市农业科学院马忠良、周紫阳和阎鸿雁等人，以外引系 QL33A 为母本，自选恢复系南 108 为父本，于 1994 年育成的高粱杂交种。2000 年 4 月份通过审定。

四杂 31 号从出苗至成熟需 125 天左右。需大于和等于 10℃的积温 2 550～2 650 度·日。幼苗绿色，叶缘稍紫。全株有 18 片叶。株高 120～142 厘米。穗颈直立，长筒形穗，穗型中紧，穗长 31～35 厘米，穗粒数为 3 400 粒左右，穗粒重约 96 克。颖壳浅黑色，籽粒椭圆形，红色，千粒重 27～29 克。抗倒伏。高抗叶斑病和黑穗病。

1997～1999 年，该品种在吉林全省联合区域试验中，平均单产为 502 千克/667 平方米，比对照吉杂 70 增产 10.9%。在两年生产试验中，平均单产为 580.5 千克/667 平方米，比对照吉杂 70 增产 13.5%。其籽粒含淀粉 74.48%，蛋白质 9.28%，单宁 0.41%。

该品种适于 5 月 1～5 日播种。每 667 平方米留苗 6 670 株左右。播种时以撒可富或其他复合肥作种肥，拔节时追施氮肥，覆土 4 厘米厚。适于吉林中西部种植。（马忠良）

吉杂 83 号

吉杂 83 号（彩图 38），系吉林省农业科学院作物研究所才卓、王方、高士杰、杨晓光、李伟和李淑杰和王桂珍等人，以 352A 为母本，116-2-5 恢复系为父本，于 1993 年育成。1999 年，通过吉林省农作物品种审定委员会审定。

吉杂 83 号的生育期约 120 天，需活动积温 2 450 度·日。

幼苗为绿色。株高约155厘米。中紧穗，穗长29.7厘米，穗粒重86.3克。红粒，着壳率为13.7%，千粒重27.0克。根系发达，抗旱，抗倒伏。抗叶病，高抗丝黑穗病。抗蚜虫。光温反应不敏感。

在三年区域试验中，平均单产为535.4千克/667平方米，比对照敖杂1号增产14.81%。在两年生产试验中，平均单产为547.4千克/667平方米，比敖杂1号增产18.81%。其籽粒含蛋白质10.1%，脂肪2.65%，赖氨酸0.21%，淀粉70.52%。

该品种春播一般在4月末至5月初播种。每667平方米播种量为1.33千克，播种深度为3～4厘米，每667平方米保留苗9 340株左右。种植中，要施足底肥，增施种肥，适时追肥。适于吉林省长春、松原地区，以及种植敖杂1号的地区种植。　　（高士杰）

吉杂84号

吉杂84号，系吉林省农业科学院作物研究所高士杰、王方和才卓等人，以QL33A不育系为母本，7413-24恢复系为父本，杂交组配的高粱杂交种，于1991年在吉林省公主岭市育成。1998年，经吉林省农作物品种审定委员会审定后予以推广。

吉杂84号的生育期约118天，需活动积温2 400度·日。幼苗绿色。株高约130厘米。穗中紧，穗长28.8厘米，穗粒重83.1克。黑壳，红粒，着壳率16.6%，千粒重27.2克。根系发达，抗倒伏，抗干旱。抗蚜虫。抗丝黑穗病。温光反应不敏感。

该品种经三年区域试验，其平均单产为516.7千克/667平方米，比对照敖杂1号增产9.28%。在两年生产试验中，平均单产为498千克/667平方米，比对照敖杂1号增产10.96%。它的籽粒含蛋白质9.75%，脂肪3.67%，淀粉73.05%。

该品种的适宜播期，为4月末至5月初，播种量为1.47千克/667平方米，播深为3～4厘米。每667平方米保留苗9 330株左右，如有缺苗可在相邻处留双株，以保证种植密度。播种时，每667平方米施磷酸二铵13.4千克作种肥。拔节初期，每667平方米一次性追施硝酸铵20千克。该品种适于吉林省长春、松原和白城地区种植。　　（高士杰）

吉杂87号

吉杂87号（彩图39），系吉林省农业科学院作物研究所才卓、李伟和高士杰等人，以不育系352A为母本，恢复系58163为父本，所组配的高粱杂交种，于1994年在吉林省公主岭市育成。2000年，经吉林省农作物品种审定委员会审定后予以推广。

吉杂87号的生育期约126天。需活动积温2 580度·日。幼苗为绿色。株高约160厘米。紧穗，穗长34.7厘米，穗粒重90.8克。红壳，红粒，着壳率为7.4%，千粒重27.5克。根系发达，抗倒伏，抗干旱。抗叶病，高抗丝黑穗病。抗蚜虫。温光反应不敏感。

该品种在三年区域试验中，平均单产为543千克/667平方米，比对照增产16.9%。在两年生产试验中，平均单产为515.5千克/667平方米，比对照增产11.4%。籽粒含粗蛋白质12.11%，脂肪2.92%，淀粉65.36%，单宁1.59%，赖氨酸0.20%。

该品种的适宜播期为4月末至5月初。每667平方米的播量为 1.33 千克，播种深度为 3～4 厘米，每 667 平方米保苗 8 000株。播种时，每 667 平方米施 13.3 千克磷酸二铵作种肥，拔节期每 667 平方米追施硝酸铵 20 千克。

该品种适于吉林省四平、农安、德惠、长岭、扶余、前郭和乾安等地区种植。（刘晓辉）

龙杂 5 号

龙杂 5 号(彩图 40)，系黑龙江省农业科学院作物育种研究所阴秀卿、焦少杰、王黎明和申忠宝等人，以自选不育系 301A 为母本，哈恢 118 为父本，于 1992 年育成的高粱杂交种。1999 年 2 月份，经黑龙江省农作物品种审定委员会审定命名。

龙杂 5 号从出苗至成熟约 110 天，需积温 2 250 度·日。株高约 170 厘米，植株整齐、繁茂，茎秆粗壮。穗中紧，纺锤形，穗长 27 厘米。籽粒褐色，倒卵形，千粒重约 20 克，容重 733 克/升。抗丝黑穗病，叶部病害轻。

1996 年和 1997 年，该品种在黑龙江省内区域试验，平均单产为 507.6 千克/667 平方米。1998 年，在全省生产试验中，平均单产为 445 千克/667 平方米。其籽粒含粗蛋白质 9.35%，淀粉 73.89%，单宁 1.21%，是优质酿酒高粱杂交种。

该品种的适宜播期为 5 月上旬，以气温稳定通过 10℃时为好。播种前，可用种衣剂或拌种双等药剂拌种，以防黑穗病和地下害虫。为防止春寒粉种，可催芽播种。适宜种植密度为 9 000 株/667 平方米，要求宽苗眼，拐子苗，也可一垄双行，密度可达 1.2 万株/667 平方米。播时每 667 平方米施磷酸二铵 10 千克作种肥。拔节时，结合耥二遍地每 667 平方米追施尿素 10 千克。种植中，要及时定苗、铲耥和防虫。秋季蜡熟末期为收获适期。该品种适于黑龙江省第二、第三积温带种植。

(王黎明)

龙杂6号

龙杂6号(彩图41),系黑龙江省农业科学院作物育种研究所焦少杰、王黎明、申忠宝、阴秀卿和宋振新等人,以外引不育系V4A为母本,外引恢复系辽116为父本,于1991年组配而成的高粱杂交种。2000年,通过黑龙江省农作物品种审定委员会审定并命名后,予以推广。

龙杂6号从出苗至成熟为125～130天,需积温2 600度·日。株高200厘米左右,植株繁茂健壮,整齐度好。穗长约32厘米,中紧型穗。籽粒浅褐色,千粒重26～30克。抗丝黑穗病。

1995～1997年,该品种在黑龙江省内区域试验中,平均单产为526.1千克/667平方米。1997年,在生产试验中的单产为567.3千克/667平方米。籽粒品质较好,含粗蛋白质8.70%,淀粉71.84%,单宁1.20%,是酿造型高粱品种。

该品种要适时早播,一般在5月上旬气温稳定在10℃时直播。为防止春寒粉种,可在催芽后播种。催芽时,种子"露白"即可下种,做到一次播种保全苗。要合理密植。要求苗距20～25厘米,垄距70厘米,每667平方米保苗4 500株左右。播种时,每667平方米施磷酸二铵15千克作种肥,种子与肥料要分开层次,防止烧苗。拔节前,每667平方米追施尿素15千克。出苗后5片叶时定苗,耥二三遍地时,要耥过头土。秋季籽粒蜡熟末期要适时收获。

该品种适于黑龙江省第一积温带和吉林省北部地区种植。　(王黎明)

晋杂 14 号

晋杂 14 号，原名晋中 92-3。是山西省农业科学院高粱研究所李团银、李三棉和柳青山等人，利用新型细胞质雄性不育系 A_2F_4A 为母本，高蛋白质、高赖氨酸恢复系 265-Ly 为父本，于 1990 年冬季在海南组配而成的高产、多抗、优质饲用型高粱杂交种。1996 年，通过山西省农作物品种审定委员会的审定。

晋杂 14 号的生育期约 130 天。株高 180～200 厘米。叶片浓绿，根系发达。纺锤形穗，长约 33 厘米，穗结构好，二级、三级分枝多。穗粒重 125 克。红壳，红粒，千粒重 30 克。抗倒伏，抗干旱，耐瘠薄，对高粱丝黑穗病免疫。

1994～1996 年，该品种在山西省区域试验中，三年 24 个点次全部增产，平均单产为 588.1 千克/667 平方米，比对照增产 15.2%。1995 年和 1996 年，参加山西省生产试验及大面积生产示范，两年 16 个点次全部增产，平均单产为 552.2 千克/667 平方米，比对照增产 14.1%。其籽粒含粗蛋白质 10.96%，赖氨酸 0.67%，淀粉 70.80%，脂肪 4.68%，单宁 0.27%。

种植该品种要适时播种，以防早霜出现使籽粒成熟不好。在山西中晚熟区，它一般于 4 月下旬至 5 月上旬播种。在水肥地，每 667 平方米种植 7 500～8 000 株为宜，而在旱塬地，每 667 平方米则只种植 7 000 株左右。

该品种适于山西省及其他省区无霜期在 135 天以上的地区种植。　　（柳青山）

晋杂 15 号

晋杂 15 号(彩图 42),原名晋早 94-1。是山西省农业科学院高粱研究所张福耀、高德进、阎永康、孟春刚和曹昌林等人,以不育系黑龙 11A 为母本,恢复系七抗七为父本,于 1992 年组配而成的高粱杂交种。1998 年 4 月,经山西省农作物品种审定委员会审定后予以推广。

晋杂 15 号在高粱春播早熟区种植时,其生育期为 127 天左右。株高约 170 厘米。纺锤形穗。穗长约 25 厘米,穗粒重 65.3 克,千粒重 22.5 克。红壳红粒,粉质。抗倒性强。抗旱。耐瘠水平达二级。高抗高粱丝黑穗病。

该品种在两年品种比较试验中,平均单产为 388.4 千克/667 平方米,比对照赤育 8 号增产 33.7%。在两年生产试验中,平均单产为 361.7 千克/667 平方米,比对照晋杂 2 号增产 17.7%。籽粒含蛋白质 9.73%,淀粉 75.5%,赖氨酸 0.221%,单宁 1.92%,为优质酿酒高粱品种。种植中,应适时早播。在高寒冷凉区,一般在 5 月 1 日前后播种。留苗密度,在一般地块为 0.9 万~1 万株/667 平方米,在高水肥地可增加到 1.1 万株/667 平方米,在旱塬地则以 8 000~9 000 株/667 平方米为宜。

该品种适于晋东高寒区、晋北春播早熟区种植。在东北三省、内蒙古、新疆等省、自治区,其无霜期在 130 天左右的高寒冷凉区,也可以种植。 (平俊爱)

晋杂 16 号

晋杂 16 号(彩图 43),原名晋早 94-2。是山西省农业科学院高粱研究所张福耀、高德进、程庆军、平俊爱和杜志宏等人,以不育系黑龙11A为母本，抗旱、早熟恢复系2691为父本，于1992年组配而成。1998年，经山西省农作物品种审定委员会审定后予以推广。

晋杂16号在高粱春播早熟区种植，生育期为130天左右。株高约180厘米。纺锤形穗，二级、三级枝梗多，穗长约24厘米，穗粒重75.4克。黑壳红粒，粉质，千粒重26.5克。抗倒伏。抗干旱，耐瘠薄。高抗高粱丝黑穗病。

经生产试验，该品种平均单产为375.6千克/667平方米，比对照晋杂2号增产22.2%。在大面积示范种植中，一般单产为500～600千克/667平方米，比对照晋杂2号增产56%，最高单产达640千克/667平方米。籽粒含蛋白质10.05%，淀粉77.68%，赖氨酸0.215%，单宁2.05%。本品种育成后，成为优质酿酒专用新品种。

该品种要适时早播。在山西省高寒冷凉区，一般于5月1日前后播种。一般地块每667平方米留苗8 000～9 000株，水肥地可增加到每667平方米1万株，旱塬地以每667平方米7 000～8 000株为宜。

该品种适宜于晋北春播早熟区，以及东北三省、新疆、内蒙古、甘肃等省、自治区，无霜期在135天左右的春播早熟区种植。　　(程庆军)

晋杂18号

晋杂18号，系山西省农业科学院高粱研究所王呈祥、王良群、白志良、王丰林和郑丽萍等人，以外引高粱细胞质雄性不育系7501A为母本，组织培养筛选出的体细胞克隆变异系R111为父本，于1993年组配而成。育成地点在山西省榆次市。1999年4月份，经山西省农作物品种审定委员会审定后予以推广。

晋杂 18 号属中晚熟杂交种。春播时,其全生育期约 135 天。苗期生长势强。全株有 20 片叶,叶片宽厚,叶色浓绿。茎秆粗,韧性强。成熟期株高 180 厘米左右。穗呈纺锤形,二级、三级枝梗多,穗长约 28 厘米,穗粒重 110 克以上,千粒重 36 克。抗倒伏。苗期抗旱性好。高抗丝黑穗病。对温光反应迟钝。活秆成熟。

种植该高粱品种,一般平均单产为 600～800 千克/667 平方米,高产田单产可达 933.3 千克/667 平方米以上。在山西省区域试验种植中,比对照晋杂 12 号增产 11.8%。经农业部谷物品质监测中心分析,该品种籽粒含淀粉 75.7%,蛋白质 9.12%,脂肪 3.48%,单宁 0.9%,赖氨酸 0.21%。适于酿造和饲用。茎秆可做青贮饲草。

该品种适于水肥地种植。在春播晚熟区,要适时早播,一般于 4 月底至 5 月初播种。播种不宜过密,一般以 6 670～8 000 株/667 平方米为宜。在夏播区,可适当增大种植密度。在种植时,施肥以一次深施全部肥料为好,还要及时防治蚜虫和穗部害虫。

该品种适合东北、华北、西北及南方各省、自治区,无霜期在 135 天以上的地区种植。　　(白志良)

第四节　谷子优良品种

本节按育成时间的先后顺序介绍了晋谷 2 号等 15 个谷子优良品种。本节所介绍的这些谷子优良品种,一般能代表北方旱区可以种植的谷子优良品种。

晋谷2号

晋谷2号，系山西省农科院谷子研究所，1963年用长农1号作母本、高秆红作父本杂交选育而成。原名长农10号。1973年，经山西省农作物品种审定委员会审定，定名为晋谷2号。

该品种生育期133天，属春播晚熟种。幼苗叶片绿色，叶鞘淡紫色，成株绿色，主茎高150.2～174.7厘米，茎粗0.7～0.8厘米，主茎25节。单秆，大穗，一般不分蘖。抽穗时，剑叶上冲，主茎最大叶片长40厘米，叶宽4.3厘米，叶相披散。穗长21.0～23.8厘米，穗粗3.9～4.0厘米，穗呈圆筒形，穗码排列松，刺毛短，绿色。白谷，黄米，粳性。单株穗重13.0～18.5克。穗粒重9.0～14.8克。千粒重2.9～3.1克，出谷率为78.6%～80.0%，出米率为78.5%。经光反应鉴定，其敏感度为29，属迟钝型。抗旱性强，中感谷瘟病、白发病和黑穗病。

1971～1973年，该品种参加品种比较试验，平均单产为334.9千克/667平方米，比对照长农1号平均增产22.1%。适应范围广，增产潜力大。1973年，该品种在晋东南地区示范推广，一般单产为200千克/667平方米左右，最高单产可达400千克/667平方米以上。该品种品质优良，小米含粗蛋白质9.48%，其赖氨酸占蛋白质含量的2.96%，含粗脂肪2.87%。

该品种属春播晚熟种，宜早种。在山西长治地区，一般于5月上旬播种。每667平方米播量为1千克，留苗2.5万株左右。由于感谷瘟病，不宜在低凹下湿地种植。

该品种的适应性比较广泛，适于在无霜期150天以上的丘陵旱地种植。在陕西、甘肃、河北和辽宁等省的部分地区，均有种植。（郭二虎）

陇谷3号

陇谷 3 号，系甘肃省农业科学院粮食作物研究所吴国忠、黄毓玮和杨天育等人，用干捞饭作母本，应津七叶糙为父本，进行杂交选育而成。1981 年，由甘肃省农作物品种审定委员会审定并命名。

陇谷 3 号属晚熟品种。春播生育期为 135～145 天。从出苗至成熟，需大于和等于 10℃积温 2 450 度·日。幼苗和成株均为绿色。叶片浓绿宽大，植株繁茂，秆粗穗大，无分蘖。茎高 103～130 厘米，茎粗 0.9 厘米。穗棍形，较紧，长 22～28 厘米，其刚毛长度中等。穗重 20～30 克，出谷率为 78%～86%。谷粒黄色，小米黄色，米质糯性，千粒重约 4 克。根系发达，抗倒伏性好。抗旱性为一级。灌浆期耐低温。抗黑穗病、白发病和红叶病。光反应敏感，温反应弱。

该品种单株生产力高，增产潜力大。平均单产为 300～400 千克/667 平方米，丰产地块达 500 千克/667 平方米，比当地品种增产 20%以上。小米适口性好，营养品质佳，含粗蛋白质 12.68%，粗脂肪 4.41%，赖氨酸 0.30%，淀粉 71.72%，水分 9.68%。

为发挥其品种增产潜力，种植时应选择好地块，播前施足底肥。底肥的氮、磷配比为 2∶1。留苗密度，水地为 2.5 万～3 万株/667 平方米，旱地为 1.5 万～1.8 万株/667 平方米。要加强田间管理，并及时间苗、定苗。

该品种适于在甘肃省河西海拔 1 600 米以下、中部海拔 1 800 米以下、陇东海拔 1 600～1 750 米地区的水地和旱地种植。在陇南海拔 1 500 米以下的川地，该品种可以复种。由于它具有丰产、抗倒伏和晚熟的特性，因而是地膜覆盖栽培的优

选品种。它在宁夏、内蒙古和陕西等地种植时表现较好，可应用于生产。　　（吴国忠）

陇谷4号

陇谷4号，系甘肃省农业科学院粮食作物研究所，用会宁等身齐作母本，系72-3为父本，杂交选育而成。1986年，经甘肃省农作物品种审定委员会审定后命名。

陇谷4号属中熟品种。其生育期为130天左右。幼苗和成株均为绿色，无分蘖。平均株高107.1厘米，叶形下披。长纺锤形穗，平均穗长27.8厘米，刚毛长度中等，小穗排列较紧。黄谷，鲜黄色米，粒大皮薄，米质糯性，千粒重4克左右，出谷率为80%。经鉴定，抗旱性为一级。抗倒伏，抗白发病，轻感黑穗病。光、温反应为中间型。

陇谷4号的单产量，旱地为160～250千克/667平方米，水地为300～400千克/667平方米。稳产性好。小米含粗蛋白质12.48%，赖氨酸0.32%，粗脂肪4.97%，淀粉71.52%，水分9.69%。其米汤香味浓郁。

栽培时，应注意发挥该品种的群体增产潜力。旱地每667平方米留苗1.6万～2万株，水地每667平方米留苗3万～4万株。在水肥条件较好的地块，种植陇谷4号时应注意防倒伏。

该品种适应性广。宜在甘肃省河西海拔1 700～1 800米冷凉灌区，以及中部海拔1 700～1 900米的山旱地和川旱地种植。　　（吴国忠）

晋谷22号

晋谷22号（彩图44），系山西省农业科学院谷子研究所，用朝阳6号作母本，71变197作父本，杂交选育而成。1992年，经山西省农作物品种审定委员会审定，定名为晋谷22号。1994年，通过国家审定，定名为GS晋谷22号。

该品种的生育期约125天，属晚熟种。幼苗绿色。主茎高105.1厘米，穗长17.4厘米，短刚毛，穗码较紧，穗粗2.5厘米。单穗重162克，出谷率为83.3%，千粒重约2.6克。抗倒伏，抗旱。经河北省农林科学院谷子研究所鉴定，晋谷22号属二级抗旱型。经指定单位接种鉴定，该品种对谷瘟病属抗病型，为二级。经自然鉴定它兼抗黑穗病、白发病和红叶病。

1986～1988年，晋谷22号品种参加研究所内品种比较试验，平均单产为295.0千克/667平方米，比对照晋谷10号增产19.5%。1988～1990年，参加山西省晚熟区区试，3年平均单产为291.5千克/667平方米，比对照增产10.8%。1989～1991年，参加北部高原7省区试，3年平均单产为297.8千克/667平方米，比统一对照品种晋谷10号增产19.1%。在3年中，每年均居试验首位。1994年，参加全国第三次食用粟品质检测鉴评会，获优质米称号。经品质分析，其小米含粗蛋白质11.2%，粗脂肪2.18%，直链淀粉15.9%，糊化温度消碱指数为3.0。

种植晋谷22号品种，要适期早播。在山西省长治地区，以在5月15日左右为最佳播期。每667平方米播量为1千克，留苗2万～3万株。在每667平方米施6000千克农家肥的基础上，增施25千克硝酸磷肥作底肥。每年1次深施，不再追肥。在生育期间，要中耕3次。其单产达350千克/667平方米以上，最高能达500千克/667平方米。

该品种适宜在黄土高原的山西省、陕西省、甘肃省庆阳、北京市郊区、辽宁省锦州和铁岭等地，无霜期在150天以上的

地区，推广种植。　　　　（郭二虎）

陇谷 6 号

陇谷 6 号，系甘肃省农业科学院粮食作物研究所，用 74H33-9-1 为母本，等身齐作父本，杂交选育而成。1994 年经甘肃省农作物品种审定委员会审定命名。

陇谷 6 号属中熟品种。其生育期为 131 天左右。幼苗浅紫红色，成株叶鞘浅紫色，叶片深绿色，单秆大穗，无分蘖。平均株高 100.7 厘米。长棒形穗，穗长 26.9 厘米，穗重 18.2 克，穗粒重 14.9 克。黄谷黄米，米质粳性，千粒重 3.5 克，出谷率为 81.9%。其抗旱性为一级。感染黑穗病。光、温反应敏感。

该品种穗大粒多，粮草兼丰。其产量水地为 250～400 千克/667 平方米，旱地为 175～300 千克/667 平方米。如进行地膜覆盖栽培，则其产量可达 280～450 千克/667 平方米。其小米易糊化，香味浓郁，食味品质佳。1994 年，在全国第三次食用粟品质检测鉴评会上，其小米被评为国家一级优质米。营养品质优良，小米含粗蛋白质 14.56%，粗脂肪 4.97%，赖氨酸 0.33%。

该品种春播时，在谷雨前后播种，夏播时，在 7 月 5 日前。播前用种子量 0.2%的速保利或 0.15%的拌种双拌种，以预防黑穗病。栽培时不宜过密，旱山地每 667 平方米为 1.2 万～1.5 万株，旱川地每 667 平方米为 1.5 万～2 万株。若进行地膜覆盖栽培，则较露地栽培增产 30%～60%。种植时，应选水肥条件较好的地块。若土壤含水量大于或等于 15%时，可进行覆膜穴播；若含水量不足，则可采用膜侧种植。机械或人工播种后，都应镇压，以保全苗，种植密度应稍大些。

该品种适于在甘肃省河西、中部海拔 1 700～1 900 米的山川旱地种植。在陇东海拔1 200～1 400米的地区,可夏播。在海拔1 800～2 100米的梯田中,可行地膜覆盖栽培。该品种是甘肃省的主栽品种之一。在宁夏及陕北等同类地区,该品种也可应用。 (吴国忠)

晋谷27号

晋谷27号(彩图45),是由山西省农科院谷子研究所陈玉香、郭二虎、郭义堂、范惠萍和王秀清等人,用长农10号作母本,用张农15号、沁州黄、黎城黄等品种作父本,以其混合花粉进行授粉杂交,选育而成。1997年通过山西省农作物品种审定委员会审定,1998年通过国家审定。

该品种的生育期为128天,属晚熟种。幼苗叶鞘浅紫,叶片绿色,直立,成株叶相较披散。主茎高137.2厘米,穗长19.1厘米,呈圆筒形,穗码大,排列较松,刚毛短,绿色,单穗重16.1克,出谷率为79.4%,千粒重3.3克。白谷黄米,出米率为83%。植株中等偏高,但茎秆粗壮,为0.75厘米,抗倒性较强,属粮草兼用型。经自然鉴定,其抗旱性强。经指定单位进行接种鉴定,发现它对谷瘟病表现中抗。对黑穗病、白发病的抗性优于对照晋谷16号。

1990～1992年,该品种参加品比试验,平均单产为334.5千克/667平方米,比对照晋谷16号增产11.0%。1993～1995年,它参加省区试,各年分别比对照晋谷16号增产13.5%,9.4%和13%,平均单产248.3千克/667平方米,比对照晋谷16号增产12.0%。其小米含粗蛋白质12.34%,粗脂肪2.26%,赖氨酸0.24%,维生素B_1的含量为6.10克/千克,直链淀粉的含量为14.98克/100克,消碱指数为4.0。1990年,该品种参加中国国际农业博览会,被评为名牌产品。1994

年，参加全国食用粟品质测试会，荣获一级优质米称号。

该品种属晚熟种，一般以早播为好。每667平方米播种量为1千克，行距0.33米，留苗2.5万株。生育期间需中耕3次。谷子钻心虫危害重的地区，在谷苗三叶一心期喷杀虫剂两次(间隔1周)。在每667平方米施3 000千克(60担)农家肥的基础上，增施30千克硝酸磷肥作底肥。肥料一次深施作底肥，生育期不追肥。

该品种适宜于无霜期在150天以上地区的丘陵旱地种植。　　（郭二虎）

陇谷7号

陇谷7号，系甘肃省农业科学院粮食作物研究所，用龙谷26作母本，陇谷3号为父本，杂交选育而成。具有极早熟、高产、优质、抗倒、抗病和适应性强等特点。1999年，经甘肃省农作物品种审定委员会审定后命名。

陇谷7号春播，其生育期为90～100天。从出苗至成熟，需要大于和等于10℃积温1 850度·日。用陇谷7号进行夏播，其生育期为83～92天，需要大于和等于10℃积温1 760度·日。幼苗浅紫色，成株绿色。植株较矮，平均茎高约91厘米，主茎可见节8.8～10.5个，茎秆较细，叶片短小上举，有时有少量分蘖。株型紧凑。谷穗棒形，穗码排列紧密。主穗长约16厘米，刚毛短，棕色。平均单株穗重8.0克左右，穗粒重6.5克，秆重约6.0克，秕谷少。籽粒深黄色，粳性，千粒重约6.5克，出谷率为85%。抗倒伏。抗黑穗病，叶片清秀，未见胡麻斑、谷瘟等叶部病害。经甘肃省三年11点次试验，平均单产为158.3千克/667平方米。1996～1998年，该品种在山旱地生产示范，平均单产为150千克/667平方米，比当地小黑谷增产30%。其夏播复种平均单产为110～150千克/667平方米。该品种增产潜力大，在较好水肥条件下，能获得每667平方米200千克的产量。小米乳白色，无垩质和黑米，食味香软。营养品质优良，小米含粗蛋白质15.63%，粗脂肪5.53%，淀粉74.84%，赖氨酸0.72%。

该品种在栽培中应加大密度，以发挥群体增产性能。在水地和复种地，每667平方米保苗5万～7万株，旱地每667平方米保苗3.5万～5万株。在种植中，应施足底肥，培育壮苗，促进植株穗大穗多。

该品种适于在甘肃省海拔2000～2200米的高海拔地区正茬春播。在海拔2000米以下地区，可用于抗旱救灾播种。在海拔1400～1500米地区，可复种和套种。（吴国忠）

陇谷8号

陇谷8号，系甘肃省农业科学院粮食作物研究所，于陇谷5号的变异株系中，系统选育而成。其组合为张北大黄谷×优里齐。1999年，由甘肃省农作物品种审定委员会审定并命名。

陇谷8号属早熟种。春播时，其生育期为125天左右。从出苗至成熟，需要大于和等于10℃积温2260度·日；夏播时，生育期为100天左右，需要大于和等于10℃积温1830度·日。幼苗浅紫色，成株绿色。植株较高，叶片上举，株型紧凑，穗层整齐。平均株高114厘米。主茎可见节10.6个，有时有少量分蘖，成穗率高，落黄好。纺锤形穗，刚毛短。穗长18.4厘米，穗重13.4克，穗粒重10.3克。籽粒黄白色，黄米，米质粳性，千粒重3.3克。抗旱性强，耐瘠薄，抗黑穗病。

该品种粮草兼丰。1992～1994年，参加甘肃省多点试验，在5县15点次试验中，平均单产为280千克/667平方米，比对照陇谷5号增产35.13千克，增幅为17.3%。1994～1998年，在甘肃省中东部旱地生产示范中，平均单产量为200千克/667平方米。小米品质优良，含粗蛋白质13.99%，粗脂肪4.86%，赖氨酸0.32%，适口性较好。

在甘肃省的海拔1 800～2 100米地区春播，适播期较长，4月底至5月下旬均可抗旱播种。复播时，应于7月4日前播种。品种整齐度好，耐密植，旱地春播每667平方米留苗2.5万～3万株，旱地夏播的每667平方米留苗4万～5万株。

该品种适于在甘肃省中东部海拔1 900～2 100米地区正茬播种。在沿黄灌区海拔1 400米以下地区，可夏播、复种。适用于旱区抗灾救灾和补种改种。　　（吴国忠）

嫩选15号

嫩选15号，系黑龙江省农业科学院嫩江农业科学研究所，于1986年以铁力黄沙谷为母本，哲121为父本，采用有性杂交技术创造并筛选出的材料；1991年决选。后又经过7年试验。1999年2月份，经黑龙江省农作物品种审定委员会审定后予以推广。参加选育的人员有崔秀辉、李清泉、郭德仁、王光玲、刘峰、姜玉丽、李德新、刘海燕、王新红、李焕义和徐曼。

该品种的生育期为105天左右。幼苗绿色，叶鞘绿色。株高107～135厘米。穗形圆筒棒状，紧穗，刺毛绿色，穗长18～20厘米。口紧不落粒。活秆成熟。籽粒卵圆形，千粒重3.5克左右，出米率为75%。秆强，不倒伏。高抗旱，高抗谷子白发病。温光反应不敏感。

1996～1997年，该品种在黑龙江省区域试验中，平均单产为270.6千克/667平方米，比对照增产19.99%。1998年，该品种参加黑龙江省生产试验，平均单产为250.4千克/667

平方米，比对照增产16.34%。经农业部谷物品质监督检验测试中心检测，该品种小米含粗蛋白质11.40%，粗脂肪3.97%，直链淀粉29.50%，碱消值为5.0级。

嫩选15号谷子品种，适于平岗地种植。以4月末播种为宜。它要求整地质量要好。其种植所用地块，要进行秋翻秋整地和春灌，并且每667平方米要施有机肥1000千克。种植用种，要进行风选或盐水选种。播幅掌握以10～12厘米为宜。每667平方米保苗5万～5.33万株。

该品种适于黑龙江省西部第二、第三积温带及内蒙古自治区呼盟等地种植。（崔秀辉）

辐谷6号

辐谷6号，系中国科学院水土保持研究所伊虎英、鱼红斌和马健中等，于1987年用^{60}Co（钴60）的γ射线35万拉德照射辐谷3号干种子，以后经连续选择，在1991年选育而成。

辐谷6号属中熟品种。进行夏播，其生育期为90～109天。从出苗至抽穗需43～55天，从抽穗至成熟需47～54天。幼苗和叶鞘均为绿色。单秆，不分蘖，茎基部扁圆。成株黄绿色，有14片叶，叶相披散。叶片长40厘米，宽1.2厘米。主茎高112.2厘米，直径为0.21厘米，有14节。穗成熟时黄色，长筒形，主穗长29.2厘米，直径2.1厘米，穗码排列较松，刺毛黄色，长度中等。黄谷黄米。单株穗重32.0克，穗粒重23.5克。米质粳性，千粒重4.0克，出谷率为76.5%～79.0%，出米率为76%。抗白发病、黑穗病和谷瘟病等，轻感红叶病。抗旱，抗倒伏。

用该品种进行旱地夏播，单产为300～400千克/667平方米；在高水肥地，其单产超过500千克/667平方米。其小米含蛋白质10.78%，赖氨酸0.50%，脂肪4.8%。用它做成的小米饭，色黄，味香。

该品种春播时，于5月上旬至下旬播种；夏播时，于6月上旬至下旬播种。播种量为每667平方米0.5～1.0千克。播种前，将种子晒干去杂，用药物作消毒处理。播种深度以3.3～5.0厘米为宜。水浇地上每667平方米留苗3.5万～4.0万株，旱地每667平方米留苗2.5万～3.0万株。要施足底肥，每667平方米施肥量为尿素10千克，过磷酸钙30～50千克。在拔节期，每667平方米要追施尿素20～25千克。在种植中，要及时间苗和定苗，勤除草和培土，并注意防治病虫害。

该品种适宜于陕西省关中和陕北，以及甘肃陇东地区种植。　　（伊虎英）

龙谷30

龙谷30（彩图46），系黑龙江省农业科学院育种研究所李景春等人，于1989年以8064为材料，以^{60}Co（钴60）的3.5万伦琴辐射诱变后，经选育，于1992年在哈尔滨市郊试验田決选出圃，品系号为龙辐93199。1999年2月份通过审定推广。

龙谷30从出苗至成熟约125天。苗期生长势强。幼苗叶片和叶鞘均为绿色。株高175～185厘米。穗长圆锥形，长25～29厘米。穗松紧度中等，刺毛绿色，中等长度。籽粒圆形。黄粒，黄米，粳性，千粒重2.8克。活秆成熟。喜肥水，根系发达，抗倒伏。1999年经鉴定，其抗旱性为一级。高抗白发病和黑穗病，无叶部病害。对温光反应迟钝。

1993年和1994年，经产量鉴定，龙谷30品种平均单产为260.3千克/667平方米。1995年和1996年，区域试验结果，平均单产为302千克/667平方米。1997年，参加生产试验，平均单产为179.8千克/667平方米。其小米含蛋白质10.48%，脂肪5.03%，淀粉74.86%。出米率为75%，米色鲜黄，米质优良，适口性好。

种植龙谷30，在4月中下旬播种。选择玉米茬或大豆茬，每667平方米施优质农家肥3000千克作底肥，施磷酸二铵20千克、硫酸钾5千克作种肥，结合耥二遍地每667平方米追施尿素15～20千克。在3～4叶期，进行间苗和定苗，每667平方米留苗4000株左右。要及时做好三铲三耥。发现粟茎上有跳蝉为害时，每667平方米用25%敌百虫粉1.5～2千克进行防治。6月下旬，每667平方米用2.5%敌杀死乳油30毫升，对水50升，防治钻心虫和粘虫为害。

该品种适于在黑龙江省第一积温带和第二积温带上限，以及吉林省中、北部等平原地区种植。　　　　（于金海）

坝谷214

坝谷214（彩图47），是张家口市坝上农业科学研究所，从谷子综合动态基因库提取，经多代选育，于1999年育成的春谷新品种。参加育种的人员有杜贵、赵志海、张文英、朱学海和许寅生。

坝谷214品种，生育期约为110天。全生育期内，需大于和等于10℃积温2805度·日。幼苗叶片及鞘均为绿色。成株叶片较厚，深绿，平展。叶舌（约3～4毫米）呈白葶毛状，叶枕小，呈绿色。株高197.1厘米，茎粗0.83厘米。长纺锤形穗，穗长31.7厘米，粗2.4厘米，小穗小花排列紧密，穗谷码（小花）127.8个。单株穗重27.3克，单株粒重21.1克，出谷率为77.3%，单株草重27.3克，谷草比值为0.77。谷粒深黄色，米亦为黄色，千粒重3.8克。抗旱，抗倒。对黑穗病免疫，抗白发病和红叶病。

坝谷 214 品种，在上等肥力旱地，每 667 平方米产量可达 400 千克，在一般中等肥力旱地上，每 667 平方米产量为 200～250 千克。小米品质优良，适口性好。

该品种在大于和等于 10℃积温 2 800～2 900 度·日的地区，以 4 月底至 5 月初播种为宜。在大于和等于 10℃积温 3 000～3 200 度·日及以上地区，以 5 月中旬播种为好。每 667 平方米播种量为 0.75～1 千克，留苗密度为每 667 平方米 2 万～3 万株。要施足底肥，适时追肥。每 667 平方米要施有机肥 2 000～3 000 千克作底肥。在拔节期，每 667 平方米追尿素 20 千克。

坝谷 214 在大于和等于 10℃积温为 2 800 度·日以上的春谷区，均可种植。（杜　贵）

晋谷 29 号

晋谷 29 号（彩图 48），原名 95 汾选 1 号，代号 93-5 选。系山西省农业科学院经济作物研究所，于 1989～1999 年，用优质谷晋谷 21 号与高产品种晋谷 20 号杂交，经多代选择定向培育而成。2000 年 3 月份，通过山西省农作物品种审定委员会审定，定名为晋谷 29 号。育成人有赵海云、陈继富、杨成元、王宏丽和王静华。

晋谷 29 号品种的生育期为 112～115 天。全株总叶数为 14 片。幼苗绿色。主茎高 130～135 厘米。粗筒形穗，主穗长 20～22 厘米，穗粗 2.9～3.3 厘米，松紧度适中，短刚毛，单穗粒重 15.5～18 克，出谷率为 80%～82%。白谷，米色鲜黄。经山西省农业科学院谷子研究所对其进行抗旱性鉴定，其属高抗旱类型。经多年自然鉴定，其茎秆粗壮，高度抗倒伏。

1996～1998年，该品种参加山西省谷子区域试验，3年平均单产为279.2千克/667平方米，比对照晋谷20号增产6.5%，增产点数达79.3%。1998年和1999年，该品种参加山西省谷子生产试验，平均单产为312.1千克/667平方米，比对照高产品种晋谷20号增产8.9%，比当地主干品种晋谷21号增产10%以上。其营养品质及适口品质，均达国家优质米标准。1999年，经农业部谷物品质监督检验测试中心测定，其小米含蛋白质13.39%，脂肪5.04%，赖氨酸0.37%，维生素B_1 0.74毫克/100克，直链淀粉12.2%，碱消指数为2.5。

该品种在冷凉区进行地膜覆盖栽培，于4月上旬至中旬播种；在中熟区，于5月20～30日播种，复播腾地即可播种。每667平方米留苗不能低于2万株。播种前要施足底肥，每667平方米不能少于1立方米农家肥。要及时收获，以防鸟害。

该品种适宜于无霜期在150天以上的中熟区春播及油菜茬复播，也适宜于无霜期为135天左右的冷凉区进行地膜覆盖栽培。（赵海云）

张杂1号

张杂1号（彩图49），是张家口市坝上农科所1998年选育的谷子光温敏两系杂交种。组合为A_2×冀1。2000年12月份通过审定，参加选育人员有赵治海、杜贵、朱学海、张文英和许寅生。

张杂1号谷子品种的生育期约110天。幼苗叶片及叶鞘均为绿色，成株叶片厚而平展。单株分蘖0～2个。株高170.2厘米，穗长26.3厘米。棍棒形穗，穗谷码约99.5个，谷码小花排列松紧适中，小花上着生红紫色刚毛，长约5毫米。谷粒黄色，米也是黄色。单株穗粒重 23.3 克，千粒重 3.2 克。根系发达，抗旱性强。耐瘠薄，抗倒伏。

在 1999 年降水比常年减少 1/3 的条件下，张杂 1 号在区试中仍比对照(冀谷 5 号)增产 40.7%。1999 年和 2000 年，在区试中比对照增产 23.6%，平均单产为 400～550 千克/667 平方米。其小米品质优，含粗脂肪 4.84%，粗蛋白质 11.2%，适口性好。

在大于和等于 10℃积温为 2 800～2 900 度·日的地区，以 4 月底至 5 月初播种为宜；在大于和等于 10℃积温为 3 000～3 200 度·日的地区，则应在 5 月中下旬播种。播种量为每 667 平方米 0.75～1 千克。留苗密度为每 667 平方米 2 万株。幼苗为绿苗的是真杂交种，幼苗为黄苗(少量)的为假杂交种。在管理中，应结合间苗去除黄苗。在生育期内，肥水供应要尽量充足。每 667 平方米应施圈肥 3 000～4 000 千克，磷酸二铵 10 千克作底肥。在拔节期，每 667 平方米追施尿素 20 千克。

该品种在大于和等于 10℃积温为 2 800 度·日以上的春谷区，均可种植。　　(朱学海)

张抗 1 号

张抗 1 号(彩图 50)，是张家口市坝上农科所和中国农业科学院品种资源研究所选育的抗除草剂谷子新品种。组合来源为抗 3804×C_{445}。参加选育的人员有赵治海、王天宇、杜贵、石云素、朱学海和张文英。

张抗 1 号谷子品种的生育期约 113 天。幼苗色和鞘色均为绿色，成株中上部叶鞘及叶色亦均为绿色。单株分蘖 1～3 个。株高约 117 厘米，主穗长约 15 厘米。圆筒形穗，穗谷码

100个左右，各码小花排列松紧适中。谷粒为浅黄色和米黄色。单穗粒重11克左右，千粒重2.5克。幼苗抗拿捕净除草剂。抗旱，耐瘠，抗倒。

在1999年和2000年的区试中，该品种比对照增产20.8%，平均单产为200～400千克/667平方米。小米品质优良，含粗脂肪4.18%，粗蛋白质11.81%。适口性好。

该品种在大于和等于10℃积温为2 800～2 900度·日的地区以4月底至5月上旬播种为宜，在大于和等于10℃积温为3 000～3 200度·日地区，在5月中旬播种。播种量为每667平方米0.75～1千克。留苗密度为每667平方米3万～4万株。每667平方米施圈肥3 000～4 000千克，磷酸二铵10千克作底肥。拔节期，每667平方米追施尿素20千克。苗期喷施拿捕净除草剂，可去除田间杂草。

该品种在大于和等于10℃积温为2 800度·日以上春谷区，均可种植。　　（朱学海）

第五节　马铃薯优良品种

本节以育成或引入年代为序，有代表性地简单介绍紫花白和大西洋等16个马铃薯优良品种。

紫花白

紫花白（彩图51），别名克新1号、东北白和克山白。由黑龙江省农业科学院马铃薯研究所，于1958年用374-128作母本，疫不加（Epoka）为父本，进行杂交，至1963年育成。1984年，经全国农作物品种审定委员会审定，认定为国家级品种。

紫花白属马铃薯中熟品种。其生育期约85天。株型开展，分枝中等。株高70厘米左右。茎绿色，生长势强。叶片也为绿色，茸毛数量中等。复叶肥大，侧小叶4片，排列疏密中等。花序总梗绿色，花柄节无色。花冠淡紫色，有外重瓣，雄蕊黄绿色，柱头有两枚。雌雄蕊均不育，不能天然结实。块茎椭圆形，白皮白肉，表皮光滑，块大整齐，芽眼较多，深度中等，结薯集中。块茎休眠期长，耐贮藏。抗Y和高抗卷叶病毒，高抗环腐病，易感晚疫病。比较耐涝。

紫花白马铃薯品种，一般平均单产为1 500千克/667平方米，高产者可达3 000～3 500千克/667平方米。蒸食品质中等。含干物质18.1%，淀粉13%～14%，还原糖0.52%，粗蛋白质1.65%，维生素C含量为14.4毫克/100克。

该品种的适宜种植密度为3 500～4 000株/667平方米，适于夏播留种。

该品种适应范围较广。主要分布于黑龙江、吉林、辽宁、内蒙古和山西等省、自治区，是我国种植面积较大的品种之一。适合菜用，是理想的炒薯丝用品种。（杜　珍）

晋薯2号

晋薯2号（彩图52），系山西省农业科学院高寒区作物研究所于1968年选育而成。原系谱号64-210，又名同薯8号。组合为爱波罗(Ebro)×Industria。

晋薯2号的生育期约105天。株型直立。茎绿色。叶面粗糙，叶淡绿色，复叶大，叶缘平展，侧小叶为4对，排列疏密中等。株高80厘米左右。基部分枝5～7个。花序总梗绿色，花冠白色，花粉可育，雄蕊橙黄色，柱头有3裂，天然结实性中等。薯块圆形，黄皮白肉，芽眼深浅中等，结薯集中。干物质含量为25.4%。

该品种在大同地区平川种植时，平均单产为2 000～2 500千克/667平方米，最高者达4 000千克/667平方米。1973年，山西省浑源县种植该品种2.7万公顷，平均单产量为3 162.5千克/667平方米。1974年，怀仁县种植该品种4公顷(60亩)，平均单产量为3 000千克/667平方米，其中有0.3公顷(4.5亩)的平均单产达3 600千克/667平方米以上。

该品种喜肥水，要施足底肥和窝肥，在现蕾开花期要及时足量追肥和浇水。适宜种植密度为每667平方米4 000株左右。块茎见光易变绿，对光敏感。所以，开花后要及时培土，收获后要及时入窖贮藏，以免影响品质。

该品种适宜一季作区的山、川、丘陵地种植，主要是山西、内蒙古和河北等省、自治区。　　(杜　珍)

费乌瑞它(Favorita)

费乌瑞它(Favorita)(彩图53)，系荷兰品种。1980年由农业部种子局从荷兰引入，经南京蔬菜研究所等单位鉴定推广。

费乌瑞它属早熟品种。其生育期为60～70天。株型直立，分枝少。株高60厘米左右。茎紫色，生长势强。叶色绿，茸毛量中等，复叶大，下垂，叶缘有轻微波状，侧小叶为3～5对，排列较稀。花序总梗绿色，花柄节有色。花冠大，蓝紫色，瓣尖无色。雄蕊橙黄色，柱头2裂，花柱长中等，子房断面无色，花粉量较多，天然结实性较强。浆果深绿色，大，有种子。块茎长椭圆形，顶部圆形，皮淡黄色，肉鲜黄色，表皮光滑，块大而整齐，芽眼少而浅，结薯集中，块茎膨大速度较快。块茎休眠期短，较耐贮藏。抗旱性较强。无次生长现象。植株易感晚疫病，块茎中感病，轻感环腐病和青枯病，抗Y和卷叶病毒。

该品种一般平均单产为1 700千克/667平方米左右，高产的可达3 000千克/667平方米。蒸食品质较好。含干物质17.7%，淀粉12.4%～14%，还原糖0.03%，粗蛋白质1.55%。维生素C含量为13.6毫克/100克。块茎适于炸片、炸条和蒸食。

该品种适于高垄、培宽垄方式种植。较耐肥水，密度以4 000～4 500株/667平方米为宜。在二季作栽培播种前，要进行催芽。块茎对光敏感，应及早中耕培土，以免块茎发绿，影响品质。种植中，要喷药防治晚疫病。

费乌瑞它适应性较广。主要适于在中原二季作区各省、市种植。在广东，它被作为商品薯栽培生产。 （杜 珍）

冀张薯3号

冀张薯3号，系河北省张家口市坝上农业科学研究所，于1984年从Ostara经组织培养诱发选择培育而成。因其极少开花，故也称为"无花"。系谱号84系-2-12。1994年，经河北省农作物品种审定委员会审定，定名为冀张薯3号。

冀张薯3号从出苗至成熟为90～95天。属中熟品种。株型直立，主茎粗壮发达，茎深绿色，分枝中等。叶色浓绿，复叶肥大。花冠极小，白色。一般不开花。块茎椭圆形，白皮黄肉，芽眼平浅，外形美观，是典型的商品薯。病毒病退化类型为卷叶病，感环腐病，中抗晚疫病。

该品种平均单产为2 600～2 700千克/667平方米。大、中薯率达80%以上。块茎淀粉含量为14.4%。

冀张薯3号适于在肥沃疏松的砂壤土和水浇地种植。播种前20～25天，应进行暖室催芽12～15天，然后再晒种7～10天。该品种生产潜力大，应结合播种，每667平方米施优质农家肥 3 000 千克，碳铵 40 千克。播种量为 125～130 千克/667 平方米，种植密度为 3 500～4 000 株（穴）/667 平方米。

该品种适于肥力较高的张家口坝上坝头区、河北省中南部、我国东北黑土地、西南山区及中原二季作区种植，山东省也可种植。（张喜近）

晋薯 6 号

晋薯 6 号（彩图 54），系山西省农业科学院高寒区作物研究所，于 1985 年育成。原系谱号 7405-226。其组合为晋薯 2 号×燕子（Schwalbe）。

晋薯 6 号的生育期约 115 天。它株型直立，分枝多。茎和叶均为浅绿色，叶片茸毛量中等，复叶大，叶缘平展，侧小叶为 4 对，排列紧密。株高 50～80 厘米。花冠白色，瓣尖无色，无重瓣。天然结实性弱，浆果较大，有种子。块茎圆形，顶部平，有凹陷。块茎黄色，肉浅黄色，表皮光滑，块大而整齐，芽眼深度中等。结薯集中。

1977～1979 年，该品种在山西省大同地区试验，平均单产为 1 601.1 千克/667 平方米，比对照增产 11.7%。1982～1984 年，在生产示范中，平均单产为 1 711 千克/667 平方米，比对照增产 25.2%。1977 年，它在山西省阳高县城关试验站种植时，单产曾达 4 050 千克/667 平方米。

该品种应在活土层厚、质地疏松的土壤上种植。播前要施足底肥。在生育期间，要对它加强肥水管理，并且注意在薯块形成和增长期分次培土。其种植适宜密度为 3 500～4 000 株/667平方米。

该品种适宜华北一季作区种植，主要是山西省北部和内

蒙古、河北的部分地区。　　　（杜　珍）

东农 303

东农 303,系东北农业大学于 1986 年选育而成。原系谱号为东农 69-10773。组合为白头翁(Anemone)×卡它丁(Katahdin)。

东农 303 从出苗至成熟为 50～60 天,属早熟品种。株型直立。株高约 45 厘米。茎绿色,分枝数中等。叶浅绿色,茸毛少,复叶较大,叶缘平展,侧小叶有 4 对。花序总梗绿色,花柄节无色。花冠白色,无重瓣,大小中等。雄蕊淡黄绿色,柱头无裂,不能天然结实。块茎扁卵形,黄皮黄肉,表皮光滑。薯块大小中等,较整齐,芽眼多而浅,结薯集中。耐涝性强。植株中感晚疫病。块茎抗病,抗环腐病。高抗花叶病,轻感卷叶病毒病,耐束顶病。

该品种一般单产为 1 500～2 000 千克/667 平方米,高产者可达 3 500 千克/667 平方米。块茎品质较好,含干物质 20.5%,淀粉 13.1%～14.0%,还原糖 0.03%,鲜薯维生素 C 含量为 14.2 毫克/100 克。

该品种宜在中上等肥力地块种植,种植密度为 4 000～5 000株/667 平方米。苗期和孕蕾期不能缺水。栽培管理要体现以早为主,一促到底。适于早收留种。

该品种适应性较广,主要在东北、华北地区和江苏、广东、上海等地种植。　（杜　珍　孙　振）

坝薯 9 号

坝薯 9 号,系河北省张家口市坝上农业科学研究所于 1986 年育成。原系谱号为 58-27-混 1。组合为多子白(292-

20)×疫不加(Epoka)。

坝薯9号从出苗至成熟约90天。属中熟品种。株型半直立,分枝较多。株高约60厘米。茎绿色,生长势强。叶绿色,茸毛中等多,复叶较大,侧小叶为4对。花序总梗绿色微带紫,花柄节有色。花冠白色,雄蕊黄色,柱头3裂,天然杂交不结实。块茎长椭圆形,白皮白肉,块茎表皮光滑。大薯多,较整齐,结薯集中。薯块休眠期短,耐贮性中等。植株较抗晚疫病,块茎轻感环腐病,有轻花叶病毒病和卷叶病毒病。

该品种一般单产为1 000~1 500千克/667平方米,高产者单产可达2 000千克/667平方米。薯块大,宜菜用。块茎含干物质18.5%,淀粉14%左右,还原糖0.31%,粗蛋白质1.67%。鲜薯的维生素C含量为13.8毫克/100克。

坝薯9号适宜在肥沃的砂壤土水浇地种植。因其出苗早,块茎形成早,膨大快,故需采取早管理早追肥等增产措施。一般种植密度以3 000~3 500株/667平方米为宜。

该品种主要在河北、山东、安徽和河南等地种植。在二季作区春播及间套作,均较适宜。 (杜 珍 孙 振)

晋薯7号

晋薯7号(彩图55),系山西省农业科学院高寒区作物研究所,于1987年育成。原系谱号为7908-57,组合为6401-3-35/燕子(Schwalbe)。

晋薯7号的生育期约120天。茎秆绿色,茎节处有紫色素。株高60~90厘米,平均茎粗1.52厘米,茎秆横断面三棱形,茎翼波状,主茎分枝10个左右。叶片绿色,大而平展,顶小叶和侧小叶均为长椭圆形,叶端尖锐。花白色,雄蕊较大,花粉多,可天然结实。薯块扁圆形,黄皮黄肉,光滑度中等。

1984～1986年，该品种参加山西省内区试，三年20个点次平均单产为1 899.6千克/667平方米，比对照晋薯2号增产16.7%。1986～1988年，它参加华北区试，平均单产1 873.1千克/667平方米，比对照"虎头"平均增产13.7%。在省内和华北区试中，产量均居参试品种之首。

晋薯7号应选择土层深厚、质地疏松的肥沃土壤种植。在中等肥力的土地上产量潜力大。其种植密度为3 500～4 000穴/667平方米。该品种地上部在盛花期群体特别茂盛，因此要适当加大行距，以0.5～0.6米为宜。前期长势慢，需做好苗期管理工作。孕蕾期要及时追肥。

北方一季作区的山、川、丘陵地，均可种植晋薯7号。晋薯7号在水肥条件良好、无霜期达130天的农田上，更能发挥出增产潜力。　　（杜　珍）

内薯6号

内薯6号，系内蒙古自治区伊克昭盟农业科学研究所，于1989年选育而成。原系谱号为7712-5。组合为37-1×(福禄多×黄3号)。

内薯6号从出苗至成熟为85～90天，属中熟品种。株型扩散。株高60厘米左右。叶绿色，幼苗叶片多茸毛。花冠紫色，花药黄色，花粉量多，自交结实弱。匍匐茎短，结薯集中。块茎圆形，整齐，芽眼浅而稀。其皮和肉均为淡黄色。表皮光滑，商品薯率达93%。抗干旱，耐瘠薄，适应性较强。抗晚疫病，抗重型花叶病毒病。

该品种在试验和示范中，一般单产量为1 200～1 800千克/667平方米。皮薄质脆。块茎淀粉含量为14.7%。

该品种是城市近郊区早上市的理想品种，也是麦田套种品种。它对土地要求不严,以中等以上肥力为好。因为它成熟时间早,故应适时收获。在内蒙古西部及同类地区的水、旱地,均可种植。　　　(杜　珍　孙　振)

陇薯2号

陇薯2号,系甘肃省农业科学院粮食作物研究所,于1989年选育而成。原系谱号为32-41。组合为陇薯1号×实51-26自交后代。

陇薯2号从出苗至成熟为100～110天,属中晚熟品种。株型开展。株高60～70厘米,茎粗1.1～1.2厘米,茎翼直立。叶片浓绿,叶缘波状,顶小叶椭圆形,托叶中间型。花冠淡紫红色,天然结实性弱,浆果小。结薯半集中,薯块扁椭圆形,皮肉均为淡黄色。芽眼较浅,大、中薯率达80%以上。抗病性较强,高抗晚疫病,田间不感染环腐病和黑胫病,对病毒性退化有一定的田间抗性。耐贮存。

该品种在试验和示范中,单产达2 000～3 000千克/667平方米。块茎含淀粉14%～18%,粗蛋白质1.8%,鲜薯维生素C含量为14.2～18.2毫克/100克。

根据陇薯2号植株不太繁茂,薯块较多,排土性强,喜肥水的特点,在种植前要深翻土地,施足底肥,在种植中要早追肥。要及时除草培土。起垄要宽而高。在阴湿地及二阴地的种植密度为4 000～4 500株/667平方米,在干旱瘠薄地的种植密度以3 500～4 000株/667平方米为宜。

该品种适宜甘肃省高寒阴湿、二阴地区,陇南温湿山区,及其他同类地区种植。　　　(杜　珍　孙　振)

晋薯8号

晋薯8号(彩图56),系山西省农业科学院高寒区作物研究所,于1990年选育而成。原系谱号为8321-1.8。组合为晋薯2号/28-7。

晋薯8号从出苗至成熟需115～120天,属晚熟种。株型直立。株高60～90厘米。茎秆绿色,叶片深绿且有光泽,复叶大,侧叶及顶小叶均为椭圆形。花冠浅蓝色。薯块圆形,皮黄色,浅黄色肉,薯皮光滑度中等。无次子生,结薯集中,便于收获。50克以上商品薯率90%左右,品质好,食味佳。块茎含粗蛋白3.03%,碳水化合物21.69%,淀粉19.4%～23.0%,鲜薯维生素C含量为9.26毫克/100克。其营养含量比晋薯2号高。抗旱性强。抗晚疫病和早疫病。退化速度慢。退化类型有轻型花叶。

1985～1987年,该品种在科研所内试验,平均单产为2 232.8千克/667平方米,比晋薯2号增产22.3%。1987～1989年,参加山西省区域试验,三年19点次平均单产为1 930.3千克/667平方米,比晋薯2号增产25%。1988～1989年,在山西省天镇、灵丘、宁武等县的生产示范中,平均单产1 809.6千克/667平方米,比晋薯21号增产17.8%。

该品种在生育前期生长缓慢,中后期生长势强,植株繁茂,故在栽培管理中应掌握前期促与中后期控结合的原则。种植密度以4 000株/667平方米为宜。在孕蕾期,对它要深中耕,高培土。适宜山西、内蒙古等地种植。 (杜 珍)

中薯2号

中薯2号,为中国农业科学院蔬菜花卉研究所,于1990

年育成的特早熟品种。其组合为LT-2×DTO-33。

中薯2号从出苗至成熟需60天左右。田间生长旺盛。扩散型植株。株高65～70厘米。主茎粗壮，整薯播种一般3～4个茎，分枝较少。茎浅褐色。叶色深绿，花冠紫红色。花药橙黄色，花粉多，天然结果性强，花多，浆果大，种子多。块茎近圆形，白皮白肉，表皮光滑，芽眼深度中等。结薯集中，块茎大而整齐。单株结薯4～6块。休眠期短，两个月即可通过休眠。植株抗X病毒病，田间不感染卷叶病毒，感染Y病毒和疮痂病。

中薯2号作春薯种植时，一般单产为1 500～2 000千克/667平方米，高产者可达3 500千克/667平方米。作秋薯种植时，一般单产为1 000千克/667平方米。块茎品质好，含淀粉14%～17%，粗蛋白质1.4%～1.7%，还原糖0.2%左右，鲜薯维生素C含量为27～32毫克/100克，适合食用和加工。

该品种是城市郊区复播的采用品种。对它的栽培管理要一促到底。适宜于北京、天津、河北和河南等地复播和二季作区种植。　　（杜　珍　孙　振）

克新11号

克新11号，系黑龙江省农业科学院马铃薯研究所，于1990年选育而成。原系谱号为8124-14。组合为CIP7176×疫不加(Epoka)。

克新11号从出苗至成熟105～110天。株型开展。株高45～55厘米，茎粗1.1～1.3厘米。主茎一般2～3个分枝。茎秆绿色，茎横断面为三棱形。叶片淡绿色，尖端小叶有轻微色素，叶腋间无异色素，叶缘平展，侧小叶为3～4对。花冠大小中等，白色，五星轮纹黄白色，花药黄色，呈锥状，柱头三裂，绿色，天然授粉极少结实。块茎椭圆形，黄皮黄肉，芽眼浅，薯皮光滑，块茎大，商品薯率达80%～85%。对晚疫病抗性较强，耐PSTV，田间未发现环腐病和黑胫病株。

克新11号在试验和示范中，平均单产为1 700～2 100千克/667平方米。块茎含淀粉13.3%～15.9%，还原糖0.35%。鲜薯维生素C的含量为17.8毫克/100克，适于食品加工用。

克新11号的种植密度，以3 300～4 000株/667平方米为宜。催芽晒种后播种，能获得较高产量。

该品种适宜在较肥沃的地块种植。主要适用于黑龙江省北部及同类地区。　（杜　珍　孙　振）

系薯1号

系薯1号，系山西省农业科学院高寒区作物研究所，于1994年育成。由292-20天然实生种子后代选育而成。

系薯1号的生育期为85天左右。株型直立。株高40～50厘米，茎秆绿色并略带紫色。叶片肥大，叶色深绿。花冠白色，开花少，柱头畸形，花粉少。块茎圆形，紫皮白肉，结薯集中，薯块大而整齐，100克大薯率88%。抗旱耐瘠。

系薯1号一般单产为1 500千克/667平方米，高产者可达2 000千克/667平方米以上。在研究所内的鉴定试验中，平均单产为2 800千克/667平方米。在品种比较试验中，3年平均单产为2 047.5千克/667平方米。1993年，在生产试验中，8个点平均单产1 529千克/667平方米，最高单产2 279.5千克/667平方米，比对照增产28.9%。品质好，蒸食开花。含干物质22%，淀粉17.5%，还原糖0.35%。

系薯1号在栽培中，要及早进行中耕培土。其种植密度为4 000株/667平方米左右。播前应催芽晒种。

该品种适于旱薄丘陵山区种植。可在山西、河北和内蒙古

等地推广,适于间套作。　　　（杜　珍）

宁薯 5 号

宁薯 5 号,系宁夏回族自治区固原地区农业科学研究所,于 1994 年选育而成。原系谱号为 84-25-16。是由 72-2-15 自交后代连年单选而成。

宁薯 5 号从出苗至成熟约 125 天,属晚熟品种。株型直立。株高约 50 厘米。主茎分枝 3～4 个。叶片绿色,开展。花冠白色,花粉量少。结薯集中。薯块圆形,黄皮白肉,芽眼浅。耐肥水。抗卷叶病毒病及花叶型病毒病,抗晚疫病。种薯休眠期短,窖藏易发芽。

该品种在试验和示范中,单产量曾达 1 500～2 000 千克/667平方米,最高的接近 2 800 千克/667 平方米。品质优良,适口性好。其块茎含干物质 23.5%,淀粉 15.1%,蛋白质 3.2%,还原糖 1.3%,鲜薯维生素 C 含量也较高。

宁薯 5 号的种植密度,在半干旱区为 3 300 穴/667 平方米,在阴湿区以 4 000 穴/667 平方米为宜。现蕾期要中耕除草和追肥。开花后及时培土起垄。

该品种适于宁夏南部山区的半干旱农区及六盘山高寒阴湿区种植。　　（杜　珍　孙　振）

大西洋

大西洋,系美国 U.S.D.A,以 Wauseon 作为母本,B-5141.6作为父本,通过有性杂交系选而成。

大西洋属中熟品种。生育期为 90 天左右。株型半直立。株高 75 厘米左右,分枝少。花冠浅紫色,开花繁茂,花期较长,结薯集中。薯块圆形,表面为细纹麻皮,肉白色,芽眼平浅。大、中薯率高，薯块整齐。抗耐多种病害，田间植株对晚疫病具有耐病性。

大西洋薯块含淀粉为17%，还原糖低于0.2%，是目前世界上典型的适宜炸薯片的品种。

该品种要求在有水浇条件或下湿滩地上种植；要施足基肥，施量为每667平方米施农家肥3 500千克。可选用“聚垄集肥”栽培技术进行种植。要早中耕，早培土，早追肥，防早衰；及时防治晚疫病。种植密度以4 200～4 500株/667平方米为宜。

该品种适宜在肥沃砂壤土上种植。主要是国内中原二季作区和北方一季作区。 （杜 珍）

第六节 燕麦优良品种

晋燕1号和冀张莜4号等13个品种，是我国北方地区有代表性的燕麦优良品种。本节以育成年代或引进时间的先后为序，逐一加以介绍。

晋燕1号

晋燕1号（彩图57），系山西省农业科学院高寒区作物研究所，于1965年用华北2号为母本，华北1号为父本，杂交培育而成。原编号为661-1。1972年命名为雁红1号，1973年定名为晋燕1号。

晋燕1号的生育期约104天。幼苗匍匐，叶片长大。株高约124厘米，分蘖力强，茎秆粗壮。穗大。小穗数多，内颖褐色，粒多籽大。主穗平均有燕麦68.9粒，其穗粒重1.44克，千粒重约21克。因植株高大，分蘖过盛，故抽穗不整齐，成熟不一致。

1969～1970年，晋燕1号在14个品种的晚熟组试验鉴定过程中，单产为182.5～216.5千克/667平方米，比对照华北2号增产8.9％～44.4％。1971～1973年，它在7个基点示范推广中，单产为72.5～200.0千克/667平方米。1973年，在山西省大同市云冈麻村667×8平方米的面积上种植，单产为188.2千克/667平方米。1974年，在右玉县消息屯667×5平方米的面积上种植，平均单产为200千克/667平方米。在内蒙古自治区乌兰察布盟丰镇县667×14平方米的面积上种植，平均单产为216.5千克/667平方米。1979年，在大同市南郊667×2 500平方米旱地上种植，平均单产为60千克/667平方米。1980年，在山西省灵丘县667×23平方米面积上种植，平均单产为122千克/667平方米，比对照增产24.6％。

晋燕1号适合阴湿山区种植。在高水肥条件下种植，需采取宽幅大垄种植方式，并合理密植。（崔 林 孙 振）

晋燕2号

晋燕2号（彩图58），系山西省农业科学院高寒区作物研究所李成雄，于1963年从本省宁武县农家品种中，通过系选培育而成。原名同系3号。1973年经山西省农作物品种审定委员会审定，定名为晋燕2号。

晋燕2号的生育期约85天左右。幼苗匍匐，叶片细长，色深绿。株高65.2～80.4厘米。分蘖适中。穗长30.9厘米，小穗纺锤形，主穗粒数32.4粒，穗粒重1.24克。籽粒鸡脊形，白色质硬。抗旱性强。

1965～1967年，晋燕2号在10个品种的旱地品比试验中，单产为65.9～118.2千克/667平方米，比对照三分三增产 11.7%～88.8%。1967～1973 年，它在山西、内蒙古、河北、辽宁、云南、宁夏和甘肃等地的示范推广中，单产为146～200 千克/667 平方米，比对照增产 13.0%～23.5%。1974 年，在山西省神池良种场 667×63 平方米的土地上种植，平均单产为 181.5 千克/667 平方米。1981 年，在山西省岢岚县良种场 667×160 平方米旱地上种植，平均单产为 83.3 千克/667 平方米，比对照增产 88.17%。

该品种茎秆较细，抗倒性差，不宜在高肥力地块种植。由于后期生长较快，故应注意加强田间管理。

该品种适应性广。在晋、冀、内蒙古推广面积约 3.9 万公顷。目前，在一些地方为主栽品种。（崔　林　孙　振）

晋燕 3 号

晋燕 3 号（彩图 59），系山西省农业科学院高寒区作物研究所李成雄，于 1965 年用华北 1 号为母本，三分三为父本，杂交培育而成。原名雁红 6 号。1974 年经山西省农作物品种审定委员会审定，定名为晋燕 3 号。

晋燕 3 号的生育期约 92 天。幼苗半匍匐，叶片狭窄，绿色，分蘖适中，成穗率高。株高 125 厘米左右。小穗串铃形，内、外颖黄色，穗粒数约 59 粒，千粒重约 22 克。籽粒筒状，黄色。

1965～1972 年，晋燕 3 号在 15 个品种的中熟组试验中，单产为 100.5～266.7 千克/667 平方米，比对照华北 2 号增产 15%～130%。1970～1973 年，它在山西、河北、内蒙古、宁夏和云南等地的示范推广中，单产为 137.5～283.9 千克/667 平方米，比对照增产 23.0%～69.2%。1981 年，山西省岢岚县良种场在旱地种植的 667×120 平方米晋燕 3 号，平均单产为 66.1 千克/667 平方米，比对照增产 58.2%。晋燕 3 号籽粒含蛋白质 16.74%,脂肪 5.0%。

该品种适宜种植于夏、秋莜麦区旱地和中等肥力的土地。其播种量为 8.5 千克/667 平方米。由于麦秆细高,故在高肥力地种植时容易倒伏。该品种适于在山西、河北等地种植,推广面积已达 1.7 万公顷。 (崔 林 孙 振)

晋燕 4 号

晋燕 4 号(彩图 60),系山西省农业科学院高寒区作物研究所李成雄,于 1968 年用华北 2 号作母本,三分三为父本杂交培育而成。原名雁红 11 号,1980 年经山西省农作物品种审定委员会审定,定名为晋燕 4 号。

晋燕 4 号的生育期约 88 天。幼苗半匍匐,叶片较小且短,深绿色。分蘖力较强,成穗率高,后期茎叶有灰色蜡质层。株高 86.8 厘米。小穗串铃形,内颖褐色,外颖白色,穗粒数为 66.2 粒,千粒重 22.3 克。籽粒为鸡脊形,白色。抗旱性较强。

1972～1974 年,晋燕 4 号在 13 个品种比较试验中,平均单产为 266 千克/667 平方米,比对照华北 2 号增产 41.7%,位居第一。1972 年,在高温干旱、红叶病严重危害情况下,单产仍达 107.5 千克/667 平方米,比对照增产 53.6%。1972～1973 年,在 6 省、自治区试验示范中,单产为 139.7～281.6 千克/667 平方米,比对照增产 19.4%～63.8%。1976～1977 年,在全国 11 个省、自治区旱地联合试验的 19 个点次中,其平均单产量为 108.5 千克/667 平方米,比对照增产 19%,位居首位。该品种籽粒含蛋白质 16.71%,脂肪 6.11%。

该品种适于华北莜麦区旱、滩地种植。每 667 平方米的播种量为 7.5～8.5 千克。目前,晋燕 4 号仍是山西、内蒙古旱地主干品种之一。 (崔 林 孙 振)

雁红 10 号

雁红 10 号(彩图 61),系山西省农业科学院高寒区作物研究所李成雄和崔林等,于 1968 年用华北 2 号为母本,三分三为父本,杂交选育而成。1987 年,经山西省农作物品种审定委员会认定,1990 年全国农作物品种审定委员会确定其为全国旱地莜麦推广品种。

雁红 10 号的生育期约 93 天。幼苗半匍匐,叶色深绿。茎秆细而坚韧,叶表有灰色蜡质层。株高 90 厘米左右。分蘖力强,成穗率高。穗周散形,穗粒数为 79.6 粒,千粒重约 23 克。籽粒白色,纺锤形。抗旱性强,耐瘠薄。适应性较广。

1972～1974 年,雁红 10 号在 9 个品种比较试验中,平均单产为 198.6 千克/667 平方米,比对照华北 2 号增产 26.8%。1974 年,在山西省左云县示范种植中,平均单产为 98.8 千克/667 平方米,比对照三分三增产 17%以上。1979 年,在山西省右玉县种植 13.3 公顷,1984 年其种植面积发展到 0.3 万公顷,平均单产为 68.6 千克/667 平方米,增产 20.4%。内蒙古武川县 1984 年种植雁红 10 号 266.7 公顷,平均单产为 87.5 千克/667 平方米,比对照增产 16.4%。籽粒含蛋白质16.18%,脂肪 4.1%。

该品种抗倒伏性差,不宜在中、高肥力地上种植。播种量以保证 30 万株基本苗/667 平方米的用量为宜。在种植时要做好后期田间管理工作,可追施硝酸磷肥 15 千克/667 平方米。

该品种的年推广面积达 4.6 万公顷。目前为山西、内蒙古和河北等省、自治区旱地的莜麦主栽品种。

(崔　林　孙　振)

雁红 14 号

雁红 14 号(彩图 62),系山西省农业科学院高寒区作物研究所,于 1972 年用华北 1 号作母本,三分三为父本,杂交培育而成。原编号为 69541。1978 年定名为雁红 14 号。1987 年,经山西省农作物品种审定委员会认定。

雁红 14 号在大同地区种植,播种期是 3 月 27 日,出苗期、抽穗期和成熟期各为 4 月 24 日、6 月 14 日和 7 月 14 日,生育期(从出苗至成熟)为 81 天。幼苗半匍匐,色深绿,叶片较短且少。后期茎叶有灰色蜡质层。株高约 88 厘米。分蘖中等,成穗率高。周散形圆锥花序。小穗棒锤形,前期为灰绿色,内颖褐色,外颖灰白色。穗铃数较少,20 个左右,穗粒数约 50 粒,穗粒重 1.2 克,千粒重约 22 克。籽粒纺锤形,白色,粒大。抗旱。耐瘠薄。适应性较强。

1972～1974 年,在研究所内 13 个品种的比较试验中,平均单产为 190 千克/667 平方米,比对照增产 12.4%。1974～1979 年,在山西和河北省的区域试验和示范中,单产为 100～205 千克/667 平方米,比对照增产 15.0%～24.8%。籽粒含蛋白质 16.1%,脂肪 5.83%。

该品种在夏、秋莜麦区的旱地均可种植。在夏莜麦区种植,可利用早春地下返浆水和低温季节,又可避免六七月份高温干旱的危害。在秋莜麦区,可种植两季。雁红 14 号主要在山西、河北和内蒙古种植。 (崔 林 孙 振)

小 46-5

小 46-5(彩图 63),是以永 492 为基础筛选育成的优良燕麦品种。1960 年,中国农科院作物育种栽培研究所由法国引入编号为永492的燕麦品种。1972年，山西省农科院高寒区作物研究所又将它引入山西省，筛选鉴定育成了这一品种。1987年，通过山西省农作物品种审定委员会认定，沿用小46-5原名。

该品种的生育期约85天，属早熟种。幼苗直立，色深绿。叶片短窄而上举，株型紧凑。茎秆坚韧。株高80～90厘米，最高可达125厘米。有效分蘖平均为3.2个。群体结构好，成穗率高，生长整齐。前期生长发育快，后期慢，灌浆期长，落黄好。周散形圆锥花序，短串铃，内颖黄色，籽粒长圆形，色淡黄，单株粒重4.5克，千粒重19～22克。抗倒伏。喜肥耐水。高抗坚黑穗病，耐黄矮病。

1973～1975年，该品种在科研所内试验种植，平均单产为125～253千克/667平方米，比对照华北2号增产2.51%～87.4%。1975年，河北省坝上农科所在崇礼县种植小46-5燕麦品种0.67公顷(约10亩)，平均单产为302.2千克/667平方米。1976年，示范种植26.3公顷，平均单产为247.8千克/667平方米。该品种的一般单产为200千克/667平方米以上。其籽粒含蛋白质16.55%，脂肪4.29%。

该品种应选择产量潜力在200千克/667平方米以上的沟湾滩地进行种植。其基本苗掌握在30万～35万株/667平方米。在667平方米施用2 000千克以上有机基肥的基础上，再施种肥磷酸二铵5～10千克/667平方米。在水浇地，一般应掌握“三水两肥”的管理原则，即在分蘖、拔节和抽穗期分别浇水，结合浇水，追施分蘖肥和拔节肥，每次追施尿素10～15千克/667平方米。

该品种适应性较广，宜于在肥沃滩地或水浇地上种植。它的种植地，主要分布于山西、河北、内蒙古、甘肃、云南和贵州

等省、自治区。 （崔 林 孙 振）

内燕5号

内燕5号，系内蒙古自治区农业科学院小作物研究所孙泽民等，于1973年以皮燕麦永380为母本，裸燕麦华北2号为父本，杂交选育而成。

内燕5号的生育期为90天左右。株高115～125厘米。幼苗直立，深绿色。株形叶相好，分蘖力适中，成穗率高。圆锥花序周散形，长20～22厘米，小穗串铃形，主穗小穗数为30个，穗粒数为65～75粒，千粒重20克左右。抗倒伏。抗黄矮病。

内燕5号丰产、稳产性好。在区域试验中，它的平均产量为224～246千克/667平方米。在品种比较试验中，它的平均产量曾达405千克/667平方米。其籽粒蛋白质含量达17.68%，比国内著名农家品种五寨莜麦高3.78%。

该品种在夏莜麦区于4月初播种，在秋莜麦区可于5月中下旬播种。其播种量一般为9～10千克/667平方米。在4叶期，每667平方米追施尿素10千克。为防止黑穗病，在播前可用拌种双拌种，用量按种子重量的0.2%掌握。

该品种适于国内各莜麦生产区种植，以不同类型水浇地、下湿旱滩地最为适宜。它除了在内蒙古自治区乌兰察布盟、包头、呼和浩特3个盟、市的7个旗、县推广外，还被新疆、宁夏和云南等省、自治区所引种，并表现良好。（崔 林 孙 振）

晋燕7号

晋燕7号（彩图64），系山西省农业科学院高寒区作物研究所李成雄和崔林，于1974年用皮燕麦永73-1为母本，裸燕麦69613为父本，进行杂交选育而成。原编号为74028-28。

1987年经山西省农作物品种审定委员会审定，定名为晋燕7号。

晋燕7号的生育期约90天。幼苗半匍匐，叶片较少，但较宽。株高约100厘米。分蘖适中，成穗率高。周散形圆锥花序，小穗串铃形，内颖褐色，外颖黄色，穗粒数平均为73.5粒，千粒重22.4克。籽粒黄色，鸡脊形。抗倒伏性强。

1977～1981年，晋燕7号在品种鉴定和品种比较试验中，平均单产为134.3千克/667平方米，比对照增产17.2%，居第一位。1981～1985年，在山西省内区试中，平均单产为108.1千克/667平方米，比对照增产19%。1983年，在左云、平鲁和浑源3县4个点的生产示范中，平均单产为158.0千克/667平方米，比对照增产34.1%。1984年，在天镇、平鲁、左云和浑源的4县7个点的生产示范中，平均单产125.5千克/667平方米，比对照增产35.8%。1985年，在天镇、平鲁和左云3县6个点的生产示范中，平均单产为101.4千克/667平方米，比对照增产20.8%。其籽粒含蛋白质16.2%，脂肪6.27%。

晋燕7号适合于中等肥力土地种植。一般播量为8.5千克/667平方米。由于生育期较长，一般在拔节后应追施氮肥，如施硝酸铵5千克/667平方米，在孕穗期追施尿素10千克/667平方米，以促进植株生长发育。

该品种在山西、内蒙古、河北、新疆、甘肃、宁夏、四川和黑龙江等地，都有种植。推广面积达2.8万公顷。目前，它正逐步代替晋燕3号等品种。　　（崔　林　孙　振）

晋燕8号

晋燕8号（彩图65），系山西省农业科学院高寒区作物研究所李成雄和崔林等，于 1974 年用裸燕麦 292 作母本，皮燕麦赫波为父本，杂交选育而成。原编号为 50-1。1991 年，经山西省农作物品种审定委员会审定，定名为晋燕 8 号。

晋燕 8 号的生育期约 90 天。幼苗半匍匐，叶片细窄，浅绿色。株高约 90 厘米。分蘖力适中，周散形穗，穗粒数为 54.8 粒，千粒重 25.2 克。籽粒纺锤形，白色，光亮。抗旱性强，尤其苗期有等雨避旱的特点。较抗红叶病，在近年来红叶病发生严重的年份中，感病最轻。

1984～1987 年，晋燕 8 号在旱地品种比较试验中，平均单产为 130.2 千克/667 平方米，比对照增产 15.9%。1987～1999 年，在山西省内区域试验中，平均单产为 90.2 千克/667 平方米，比对照增产 9.3%。1998～1999 年，在天镇、左云、应县和大同北郊的 7 个生产示范点的种植中平均单产为 97.4 千克/667 平方米，比对照增产 16.6%。其籽粒含蛋白质 18.47%，脂肪 5.75%。

晋燕 8 号种子发芽顶土能力稍弱，生产上可适当增加播量，一般应保证基本苗 30 万～35 万株/667 平方米。在生长后期，要适当追肥，以促进其生殖生长。

该品种推广面积已达 2.4 万公顷。有望逐步代替晋燕 2 号等品种。（崔　林　孙　振）

冀张莜 4 号

冀张莜 4 号，系河北省张家口市坝上农业科学研究所，于 1972 年采用皮、裸燕麦种间杂交，以皮燕麦品种永 118 为母本，裸燕麦品种华北 2 号为父本，杂交选育而成。系谱编号为 726-4-5-1-1-8，原名品 5 号。1994 年，经河北省农作物品种审定委员会审定，定名为冀张莜 4 号。

冀张莜 4 号属中晚熟种。其生育期为 88～97 天。幼苗直立，苗色深绿，生长势强。株高 100～120 厘米，最高可达 140 厘米。株型紧凑，叶片上举。侧散型穗，短串铃，颖壳白色，穗铃数平均为 18.7 个，穗粒数平均为 39.8 粒，铃粒数为 2～3 粒，穗粒重 0.85 克。籽粒浅黄色，纺锤形，千粒重 21 克。一般平均产量为 150～200 千克/667 平方米。成熟好，口紧不落粒，群体结构好，成穗率高。茎秆坚韧，抗倒伏。抗旱耐瘠性强。耐黄矮病，较抗坚黑穗病。

冀张莜 4 号对土壤要求不太严格。在生产潜力每 667 平方米 200 千克以下的旱坡地、旱平地、较肥平滩地、肥坡地和二阴滩地，均可种植。在较肥平滩地和二阴滩地，可于 5 月 20～25 日播种；在较肥旱坡地和旱滩地，于 5 月 25～30 日播种；在瘠薄旱坡地和砂质壤土，在 5 月底播种。在旱坡地每 667 平方米的播种量为 7.5～8 千克，苗数掌握在 20 万～23 万株；在较肥旱坡地和旱滩地，每 667 平方米播量为 8～9 千克，苗数掌握在 23 万～27 万株。在较肥平滩地和二阴滩地，每 667 平方米播量为 10 千克左右，苗数为 25 万～30 万株。

该品种适于在河北省张家口市坝上、坝头区及中部、北部的平滩地、肥坡地种植。　　（崔　林　孙　振）

20-1

20-1，系山西省农业科学院高寒区作物研究所李成雄和崔林，于 1979 年用皮燕麦斯图特为母本，裸燕麦小 46-5 为父本，杂交选育而成。1994 年，经山西省农作物品种审定委员会认定。

20-1 的生育期约 83 天，属早熟类型。幼苗直立。叶片较短，上举，为绿色。茎秆粗壮。株高约 110 厘米。分蘖力较弱。

周散形圆锥花序，小穗纺锤形，穗长18厘米左右，穗粒数约70粒，千粒重21.2克。籽粒白色，鸡脊形。抗倒伏性强。

该品种在1985～1987年的品比试验中，平均单产为156.3千克/667平方米，比对照增产24.6%。1988年，在7个区试点种植中，其平均单产为93.5千克/667平方米，比对照晋燕5号增产14.77%。1989年，在山西省右玉、平鲁和天镇等县的示范种植中，表现出较强的生长势，一般单产为120～140千克/667平方米，比当地主栽品种增产15%左右。籽粒含蛋白质17.50%，脂肪5.27%。

由于该品种在种植后生长发育较快，因此在田间管理上要早追肥。一般在三叶期追施尿素10千克/667平方米，孕穗期追施硝酸铵15千克/667平方米。以群体获得高产，一般基本苗数为35万～40万株/667平方米。

该品种适宜在莜麦产区的沟湾地、下湿滩地及旱平地种植。该品种推广面积现已达0.84万公顷，可望逐步代替晋燕5号等品种。　（崔　林　孙　振）

晋燕9号

晋燕9号，是山西省农业科学院高寒区作物研究所崔林，采用将皮燕麦抗旱、抗倒、小穗数多和千粒重高的优势，与裸燕麦多花、多粒和品质好的特点结合起来的远缘杂交技术，培育而成的新品种。1986年，用皮燕麦555作母本，裸燕麦69328为父本，配制杂交组合，经连续单株选择育成。2000年，通过山西省农作物品种审定委员会审定，定名为晋燕9号。

晋燕9号的生育期约88天。幼苗直立，深绿色。叶片短宽上冲。茎秆粗壮。株高100厘米左右。分蘖力较弱，成穗率高。周散形圆锥花序，穗长15～18厘米，小穗数25个。主穗粒数60个左右，穗粒重1.16克，千粒重约23克。籽粒白色，长圆形。抗倒伏。抗旱性强。较抗红叶病。品质优良，籽粒均匀。是典型的三抗一优品种。

晋燕9号在品比试验中，1994年折合单产量为274千克/667平方米，比对照晋燕8号增产27.4%，居第一位。1995年，其折合单产为181千克/667平方米，增产15.5%，居第二位。1996年，其折合单产为216千克/667平方米，增产16.1%，居第一位。3年平均，其单产为223.7千克/667平方米，增产20.3%，在参试品种中居第一位。1998年和1999年，在山西省种子公司组织的直接生产试验中，该品种头一年的7个试验点，平均单产为127.5千克/667平方米，比对照晋燕7号增产11.7%。第二年，山西省莜麦产区普遍遇到历史罕见的旱灾，该品种在6个试验点都表现大幅度增产，平均单产为88.9千克/667平方米，比对照增产43.3%。在两年的13个试验点中，有12个表现增产，增产点达92.3%。平均单产为108.2千克/667平方米，比对照增产27.5%，充分表现出该品种较好的增产性、抗灾能力及较强的生态适应性。晋燕9号的籽粒品质，在国内所有育成的燕麦品种中居于首位。经农业部谷物品质监督检验测试中心分析，其籽粒含粗蛋白质21.22%，粗脂肪6.33%，赖氨酸0.65%。

晋燕9号的种植技术，一般与其他莜麦品种的种植技术相同。

该品种在国内各莜麦生态区的一般旱地，均可种植。在下湿滩地种植，其增产潜力更大。 （崔林 孙振）

第七节　荞麦优良品种

本节以育成或引入年代的先后为序，有代表性地介绍黎麻道等 7 个荞麦(甜荞)品种和黑丰 1 号等 3 个苦荞品种。这些都是适合北方地区旱地种植有代表性的荞麦优良品种。现按育成或引入时间的先后，逐一加以介绍，供种植者选择品种时参考。

黎麻道

黎麻道，系内蒙古自治区农业科学院小作物研究所，于 1979 年从河北省张家口市坝上地区引入，经多次混合选择育成的甜荞优良品种。

黎麻道在当地春播，其生育期为 75～80 天。在山西省北部引种，其生育期为 70 天左右，幼苗绿色，茎秆紫红色。株高 60～80 厘米。主茎地上节 10 个左右，一级分枝 3～4 个。花红色或粉白色。单株粒数为 90～120 粒。籽粒大小均匀，茶褐色，千粒重 28～32 克，皮壳率为 18.2%。耐旱，耐瘠。

在试验种植中，该品种平均单产量为 74～87 千克/667 平方米。籽粒含粗蛋白质 10.66%，粗脂肪 2.59%，淀粉 54.6%，芦丁 0.798%。

该品种 6 月上中旬播种。播种量为 6 万～8 万粒/667 平方米。适于山西、河北北部和内蒙古自治区中部地区坡梁旱地种植。　　(陈有清)

榆荞 1 号

榆荞 1 号(彩图 66)，原编号为混选 3 号。系陕西省榆林地区农业学校，于 1982 年以靖边甜荞为诱变材料，用秋水仙碱处理后，经过 5 代单株选择和混系繁殖育成。为四倍体品种。

榆荞 1 号在榆林，生育期约 90 天，在山西省太原市，其生育期约 78 天。植株繁茂，生长势强。茎秆粗壮，深红色。株高 80～95 厘米。一级分枝壮，二级分枝少。叶片面积大，单株叶片数量少。苗期至始花期叶面积稍小，盛花期叶面积显著增大。花紫红色，较大。籽粒大，皮壳薄，褐色，千粒重 51～55.5 克。抗病。抗倒伏。比其他品种抗落粒。耐瘠性差，在砂质土上表现不良。

榆荞 1 号喜肥水。增产潜力大。单产量为 100～200 千克/667平方米。其适宜播期为 5 月下旬至 6 月上中旬。一般播量为 5 万～6 万粒/667 平方米。

该品种适于在气候凉爽的地区春播。无霜期小于 110 天的地方不宜种植。（陈有清）

榆荞 2 号

榆荞 2 号的原编号为榆 3-3。系陕西省榆林地区农业科学研究所，于 1982～1988 年从当地农家品种榆林荞麦中，用集团选择法育成。

榆荞 2 号的生育期为 85～90 天。幼苗绿色。茎红色。株高约 95 厘米，主茎地上节为 14 个左右，有一级分枝 3～4 个，二级分枝 4～6 个，株型松散。花蕾粉红色。籽粒长形，棕色，株粒重 3～4 克，千粒重 35 克左右，出粉率为 72%左右。耐旱，抗病，抗倒伏。

该品种丰产性好。平均单产为 75～100 千克/667 平方米，最高单产曾达 180 千克/667 平方米。籽粒含粗蛋白质

13.8%，粗脂肪 2.5%，淀粉 68.3%，赖氨酸 0.64%，芦丁 0.701%。

该品种在北方春荞麦区于 6 月上中旬播种，在夏荞麦区宜于 7 月上旬播种。适于在陕西省北部、山西省北部和内蒙古自治区等北方地区种植。　（陈有清）

北海道 1 号

北海道 1 号，系江苏省盐城市南洋珍稀品种引育场，于 1989 年从日本引入。

北海道 1 号在陕西省中部种植时，生育期为 60～65 天，在陕西省北部种植时，其生育期需 75 天左右。幼苗紫色，茎秆上红下紫，叶色浓绿。株高 71～103 厘米，茎粗 0.7～1.1 厘米，分枝多，株型紧凑。白花，花期较短，结实集中，结实率为 30%～50%。单株粒数为 104～234 粒，籽粒黑色，有麻纹，千粒重 38～44 克。抗倒伏。耐旱，耐涝，耐低温，耐瘠，耐肥。抗性强。适应性较广。

北海道 1 号一般单产在 100 千克/667 平方米以上，比当地品种增产 50%左右。内蒙古自治区引种时，最高单产曾达 317.4 千克/667 平方米。在肥力较高或施足底肥的土地上，增产效果更大。

北海道 1 号的栽培技术，基本与其他荞麦品种的栽培技术相同。在北方春、夏荞麦区均可种植。　（陈有清）

83-230

83-230，系山西省农业科学院小杂粮研究室，从日本牡丹荞中选出。

83-230，在太原市春播，其生育期为 65～70 天。绿苗，绿秆。株高 85～90 厘米。分枝弱。株型紧凑，结籽集中。花白色。籽粒棕褐色，单株粒重 3～4 克，千粒重 30 克左右。抗旱，抗病，抗倒伏。

该品种在太原地区种植，单产约 75 千克/667 平方米，最高单产达 166 千克/667 平方米；在大同地区，单产为 60 千克/667平方米左右。

适应性强。除山西省外，在吉林、辽宁等省也表现良好。种植时，可按当地播期和管理水平进行。（陈有清）

红山荞麦(F045)

红山荞麦(F045)属荞麦物种，系山西省朔州市平鲁区农业技术推广中心选育。

红山荞麦的生育期约 63 天。为大粒荞麦品种。株高 88～110 厘米。茎紫红色，叶片绿色。花粉红色。籽粒棕色，三棱形，单株粒重 3.01～3.22 克，千粒重 36.88～38.80 克。抗倒伏。落粒轻。对日照敏感。其一般单产为 100～150 千克/667 平方米。

红山荞麦的种植密度为 5.5 万～6.5 万株/667 平方米。在种植中，每 667 平方米的基肥、种肥和追肥的肥料用量，一般分别为 500 千克、30 千克和5～8 千克。播期安排基本上与苦荞相同。

该品种适于山西省大同市及朔州地区种植。因其对日照敏感，故不宜南调。（王子玉）

黑丰 1 号

黑丰 1 号(彩图 67)，属苦荞物种。系山西省农业科学院农作物品种资源研究所的丰产源富硒源创新品种。

黑丰 1 号的生育期为 82～90 天，属中早熟类型。株高 110～140 厘米。茎叶绿色。具无限生长特性。花黄绿色。籽粒黑色，锥形，单株粒重 8.0～12.9 克，千粒重 21.56～25.16 克。籽粒黑化率达 90%以上时，为成熟收获标准。抗倒伏。落粒轻。质优，富硒，高产，适应性强。

黑丰 1 号一般单产量为 250～400 千克/667 平方米。籽粒含蛋白质 16.23%，赖氨酸 0.83%。硒的含量为 31.9 微克/100 克。

在种植黑丰 1 号时，要考虑当地的无霜期，以保证它在霜前成熟。荞麦的适宜生长温度为 18℃～20℃，因此播期安排应考虑使其盛花期避开当地的高温期。种植要选择中等肥力的地块，并进行适度的密植，一般以 5 万～6 万株/667 平方米为宜。施肥量一般为：基肥 500 千克/667 平方米，种肥 30 千克/667平方米，追肥 8～10 千克/667 平方米。要建立、健全种子生产技术体系，保持良种种性。

该品种在无霜期大于 120 天的地区，均可推广种植。水、热条件好的地区，可在麦收后复播。（王子玉）

F 228

F 228，属苦荞物种。是山西省农业科学院农作物品种资源研究所的丰产源富硒源创新优单系选品系。原种来源于山西省灵丘县。

F 228 的生育期为 88～92 天，属中早熟类型。株高 85～120 厘米。茎叶绿色。花黄绿色。籽粒黑色，桃形，单株粒重 7.02～10.78 克，千粒重 19～21 克。抗倒伏。耐旱怕涝，易落粒。F 228 一般单产为 200～300 千克/667 平方米。籽粒含蛋白质 16.48%，赖氨酸 0.83%，硒 36.9 微克/100 克。

F 228 的种植要点，一般与黑丰 1 号的种植要点相同。成熟籽粒达 70%时可收获。根据已进行的以粉煤灰为硒源的关于高硒荞麦栽培的研究，在播种时将一定量的粉煤灰，与种肥同时施入，设法保证荞麦高硒特性的稳定遗传，同时又使硒含量控制在理想的安全范围内。

该品种可在无霜期大于 120 天的地区种植。（王子玉）

F 285

F 285，属荞麦物种。原种来源于山西省朔州市平鲁区。是山西省农业科学院农作物品种资源研究所的丰产源富硒源创新优单系选品系。

F 285 的生育期为 60～65 天，属早熟类型。株高 70～90 厘米。茎浅紫红色，叶绿色。花粉红色。籽粒棕色，三棱形。单株粒重 3.63～4.99 克，千粒重 36.50～39.22 克。抗倒伏，落粒轻。

F 285 的单产为 150～200 千克/667 平方米。属优质高硒品种。籽粒含蛋白质 15.40%，赖氨酸 0.82%。其硒含量达 79.1 微克/100 克，居国内同类品种的最高水平。该品种适于山西省雁北和晋中高硒地区推广种植。（王子玉）

五台 2 号

五台 2 号，属苦荞物种。是山西省农业科学院农作物品种资源研究所的丰产源富硒源创新优单系选品系。原种来源于山西省五台县。

五台 2 号，属中早熟类型，生育期为 80～90 天。株高 120～140 厘米。茎叶绿色。花黄绿色。籽粒灰色，桃形，单株粒重 7.03～11.40 克。落粒较轻。抗倒伏。耐干旱，耐瘠薄。

五台2号一般单产为200～300千克/667平方米。籽粒的蛋白质含量为15.73%，赖氨酸含量为0.78%，硒含量为39.4微克/100克。

该品种的栽培要点与其他荞麦的基本相同。在无霜期大于120天的地区可推广种植。当成熟籽粒达80%时即可收获。（王子玉）

第三章　良种使用的原则

在优良品种育成和引种成功的基础上，要正确和适当地使用一定的作物优良品种。无论是当地种植还是异地种植，都应遵循一定的原则。

一、严格遵守用种程序

试验、示范和推广，是一套不可逆的缺一不可的用种程序。

首先，要对品种进行严格的规范的试验。试验中，对品种的特征、特性、抗逆性、产量性状和产量、品质性状和品质、生态适应性、利用价值和前景等方面，进行全面的考察。严格遵守种子法，在试验成功的基础上，再开展一定规模和范围的示范。通过特定程序，经专门机构审定或认定，使一个优良品种合法地逐步推广。

以代表晋东豫西类型区的国家旱农攻关试验区山西省寿阳县为例，遵循用种程序，在“八五”期间的玉米引种试验的基础上，又经“九五”期间 125 个品种（系）的持续试验，为当地成功地引入了张玉 1 号、陕单 13 号、陕高农 1 号、唐抗 5 号、晋单 34 号（正交和反交）和中原单 32 号等杂交种。截止到 2000 年春播前，已被当地种子部门累计制种 653.33 公顷，生产种子 195 万千克，调入种子 121 万千克，共计供种 316 万千克。当地及周边县份累计种植 6.7 万公顷，比当地主栽品种增产 15％～20％。

二、选用适宜的品种类型

尽管不同作物的品种繁多，但都有一定的类型归属。种植中，品种类型适宜是前提。如果类型不当，就不能完成生长发育全过程，失去了种植意义，其他一切就都谈不上了。以小麦为例。在金善宝院士主持的全国小麦生态研究中，曹广才等把小麦品种生态型进行了分类，建立了从春性逐渐减弱、到冬性逐渐增强的品种生态型划分体系。从气候生态型的角度分析，小麦品种生态型，包括春型超强春性、春型强春性、春型春性、春型弱春性、过渡型、冬型弱冬性、冬型冬性、冬型强冬性和冬型超强冬性品种生态型 9 类。比如在河北省西北部和内蒙古自治区赤峰市一带，为了避开春旱保全苗，以获得高产，有晚播和夏播的种植体系。在使用的春型小麦品种中，必须选用强春性品种。有的农家盲目地种了弱春性品种，结果未能成熟，没有产量。而品种对路的地区和田块，则有每 667 平方米产量为 400～500 千克的高产记录。

再以玉米为例。关于玉米的品种类型划分，从不同的角度出发，有不同的划分方法和体系。生产上实用的是熟期类型。国际上通用的熟期类型，有超早熟、早熟、中早熟、中熟、中晚熟、晚熟和超晚熟 7 类。试验和实践证明，在像山西省寿阳这样的一熟制高寒旱区，中早熟和中熟类型是适宜的熟期类型。早熟类型虽能正常成熟，但不能占满整个种植季节，造成光热等自然资源的浪费，同时产量也较低。这类品种只能作救荒补歉用。中晚熟品种，有的虽然性状优良，产量和品质也都较理想，但不能正常成熟。如过去的中单 2 号，以及现用的优质蛋白玉米和高油玉米品种，按常规种植，收获前其籽粒只在乳熟末至蜡熟期。有一些品种，只有在地膜覆盖条件下，才能种植。

其他作物也都有一定的品种类型。

掌握具体作物品种的特征和特性，结合每种作物的种植区划，计算用种地区的积温，综合其他生态条件，选用适宜的品种类型，是种植成功的保证。

三、考虑作物和品种的生态适应性

一种作物和一个品种的生态适应性强，就有较广阔的种植范围。前苏联学者曾把生态适应性也称为生态可塑性。他们曾有 30 个不同熟期类型的玉米品种，在全国划定了 118 个栽培区。根据品种的性状，组合归纳出高产、生态可塑性强的类型，最有生产价值；而高产、生态可塑性差，与低产、生态可塑性也差的类型，都无生产意义。

对于生态适应范围较窄的作物品种，应有意识地及早更换。

四、考虑地区类型

(一)同类型区

如果产地和被引入地区的环境和生态条件大致相同，异地种植成功的可能性就较大。同在我国北方，不同省、自治区的相同类型优良品种可以试种。若把南方省、自治区的短日照作物品种，引到北方种植，就要持慎重态度。必须了解其对日照长短的敏感程度。对敏感的类型不能引入。

(二)不同类型区

选择和使用主要粮食作物的优良品种，应注意作物和品种生育期的地理变化。

早在 1918 年，霍普金斯(Hopkins)定律提出，在其他因素相同的条件下，北美洲温带范围内，纬度向北移动 1°，经度向东移动5°，或高度上升121.9米，春天和初夏植物的开花期则延迟4天；秋天则相反，即随纬度、经度和高度的相同变化，作物的开花期提早4天。

但在不同范围内，不同的植物、作物及其品种生育期，应有自己的地理变化规律。目前，随着纬度和海拔的改变，生育期的变化趋势，虽然人所共知，但并未揭示出量化的变化规律。不同地点的纬度和海拔各不相同。曹广才等在研究小麦生态的同类问题时，创立了一个“生态高度”的概念，即纬度和海拔的乘积，以“度·米”(°·m)为量度单位。经多年多播期异地种植试验的分析结果表明，不论春播或秋播，普通小麦的各个品种生态型，其生育期长短皆与生态高度呈极显著正相关，生态高度每增加10 000°·m，生育期一般延长4～5天。

同一玉米品种的生育期随海拔升高而延长的趋势，量化事例不多。例如，在赤道几内亚的同纬度带，海拔每升高100米，玉米的生育期延长7.6天。曹广才、吴东兵等在山西省寿阳县海拔1 500米以下的旱地上，所作的两年试验结果表明，海拔每升高100米，旱地玉米的生育期有延长3～4天的趋势。又如，曹广才、吴东兵等于1999年在甘肃省张掖市海拔1 706.5米、2 000米、2 131.5米的灌溉地上，于4月16日，同日种了3个玉米品种。小区试验表明，608品种从播种至成熟的生育期，依次为129天、136天和155天；酒单3号的生育期则分别是131天、145天和161天；中单2号的生育期则分别是142天、160天和165天。早熟、中早熟、中熟3类品种表现了相同的变化趋势，即在同纬度带，同日播种后，生育期随海拔的升高而延长。

掌握不同作物及其品种生育期的地理变化规律，特别是研究出其量化关系后，在异地用种问题上，就能增强准确性，自觉地抵制盲目性。

五、注意光温特性的差异

不同的作物及不同的品种，在生长发育过程中，所要求的光、温等生态条件各不相同，对其有不同的反应，对光、温因子的敏感程度不同，形成了各自的光温特性。

小麦的一些品种生态型对光、温条件要求非常严格，在具体地区的用种问题上，一定要充分了解其光温特性。过去引种失误的事例并不少见。如在秋播冬小麦的北方某地，引入了西南麦区的春小麦品种，结果造成了绝收的严重损失。

再如，玉米的生长发育虽然主要体现为积温效应，但其光周期特性也不容忽视。高纬度长日照地区的品种或自交系，一般对短日照条件钝感，种植范围较广。低纬度地区的品种或自交系，一般对短日照条件敏感。在玉米种植或制种中，有时对杂交种或自交系的日长反应特性不甚了解。若把低纬度地区的品种引到高纬度地区，或把低纬度地区育成的自交系，拿到高纬度地区制种，如果营养生长拖长，迟迟不能转入生殖生长，或一对亲本自交系生育期显著延长，并导致花期不遇，甚至出现花粉败育现象时，除分析其他影响因素外，首先要考虑其日长反应特性，即它们是否属于对短日照条件敏感的类型。例如，四川省的绵单1号玉米杂交种（父本是南21-3，母本为81565），被引到山西省祁县制种，结果出现了亲本徒长，细弱植株高达4.5米，但迟迟不发生抽雄和吐丝的现象。这是一个对短日照条件敏感的典型品种。

六、选用抗逆性强的类型

一种作物的品种，即使异地种植成功，但如果不耐（抗）

旱,不耐微寒,易感病,易招虫害,对环境胁迫(Environmental stress)的抗逆性差,那么也无实际意义。考察发现,有的年份,玉米矮花叶病毒病曾使制种田和大田玉米生产大幅度减产或绝收。有的品种在多年引种试验中表现较好,但在不正常年份相对招致毁灭性病害,那也只能被淘汰。有的种子部门在评价品种时,首先要提出抗逆性问题,其原因就在这里。

七、选用高产优质作物品种

量中求质,保质增量。结合市场需求和种植业结构调整,无论种植何种作物,在品种选用上要求品质优良,以保证其销路和提高竞争力。在此基础上,还要有较高的产量表现,以增加供应量,提高经济效益。试验和资料表明,产量和品质之间的关系,一般呈负相关。但有的品种,在适宜地区的合理栽培措施下,产量和品质都表现较好。除遗传因素外,环境情况、生态条件和栽培措施,对品种的产量和品质都有很大的影响。因此,选择和使用北方旱地粮食作物的品种时,一定要从环境、生态和栽培条件出发,并积极加以改善,使优良品种的优势得到充分的发挥。

主要参考文献

1. 金善宝．中国小麦品种志．农业出版社,1986

2. 乔魁多．中国高粱品种资源目录．农业出版社,1988

3. 杨海鹏,孙泽民．中国燕麦．农业出版社,1989

4. 曹广才等．强春性小麦品种的生育特性．应用生态学报．1990(4):306～314

5. 金善宝．中国小麦生态．科学出版社,1991

6. 李竞雄．玉米育种研究进展。科学出版社,1992

7. 汤祊德,刘耀宗等．马铃薯大全．海洋出版社,1992

8. 李东辉．谷子论文集．河北科学技术出版社,1993

9. 杨成书等．玉米品种抗旱性筛选鉴定指标研究．陕西农业科学．1993(3):1～4

10. 徐世昌等．水分胁迫下玉米叶片光合限制因素分析．玉米科学．1993,1(2):63～67

11. 王维敏．中国北方旱地农业技术．中国农业出版社,1994

12. 林汝法．中国荞麦．中国农业出版社,1994

13. 金善宝．夏播小麦理论与实践．气象出版社,1994

14. 曹广才等．海拔对我国北方旱农地区玉米生育天数的影响．干旱地区农业研究．1995(4):92～98

15. 曹广才等．北方旱地主要粮食作物栽培．气象出版社,1996

16. 王崇义,曹广才．北方旱地主要粮食作物优良品种．中国农业科技出版社,1997

17. 曹广才等．中国玉米新品种图鉴．中国农业科技出版社,1999

18. 曹广才等．山西玉米新品种与优化栽培．气象出版社,2000

19. 曹广才,吴东兵．普通小麦不同品种生态型生育期的地理变化．中国农业气象．2000,21(4):29～32

20. R.S.LOOMIS and D.J.CONNOR.Crop Ecology.Cambridge

University Press,1992

21. L. T. EVANS. Crop Evolution. Adeptation and Yield. Cambridge University Press,1993

22. Н. И. Володарскии, Биологические основы возделывания кукурузы, Москва, Агропромиздат, 1986